运 筹 学

主　编　　张文会　李昕光

副主编　　　王云龙　罗文文

东北林业大学出版社

图书在版编目（CIP）数据

运筹学／张文会，李昕光主编．—— 哈尔滨 ：东北
林业大学出版社，2013.6（2014.8重印）

（东北林业大学优秀教材丛书）

ISBN 978－7－5674－0213－3

Ⅰ.①运… Ⅱ.①张…②李… Ⅲ.①运筹学-高等
学校-教材 Ⅳ.①O22

中国版本图书馆 CIP 数据核字（2013）第 139891 号

责任编辑：卜彩虹　刘　晓

封面设计：刘长友

出版发行：东北林业大学出版社

　　　　　　（哈尔滨市香坊区哈平六道街 6 号　邮编：150040）

印　　装：哈尔滨市石桥印务有限公司

开　　本：787mm×960mm　1/16

印　　张：14

字　　数：249 千字

版　　别：2013 年 6 月第 1 版

版　　次：2014 年 8 月第 2 次印刷

定　　价：27.00 元

如发现印装质量问题，请与出版社联系调换。（电话：0451-82113296　82191620）

前　言

　　运筹学是一门以人机系统的组织、管理为对象，应用数学和计算机等工具来研究各类资源的合理规划、使用并提供优化决策方案的科学，是管理类、交通运输类本科生和研究生的专业基础课。

　　本书是以编者多年教学实践为基础，参照自编的讲义以及相关教材编写而成，编写过程中力求各章节内容间的有机联系，理顺和整合部分内容，构成符合教学大纲的理论体系和知识结构。每章末均编写了适当数量的习题，以便于学生课后复习，巩固所学知识，有的习题还对正文的教学内容作了适当的引申。

　　本书共分8章，包括线性规划、对偶理论、整数规划、目标规划、运输问题、动态规划、网络模型和排队论，建议授课48学时。

　　本书由张文会、李昕光任主编，王云龙、罗文文任副主编。具体分工如下：第一章、第二章由张文会（东北林业大学）编写，第三章、第四章由罗文文（东北林业大学研究生）编写，第五章、第六章由王云龙（黑龙江工程学院）编写，第七章、第八章由李昕光（东北林业大学）编写。研究生罗文文参与了本书的统稿工作，最后由张文会、李昕光定稿。

　　本书得到了东北林业大学2012年优秀教材及学术著作出版基金以及黑龙江省教育科学"十二五"规划青年专项课题：基于CDIO理念的交通运筹学教学改革研究（GBD1211006）的资助，在此表示感谢。本书编写过程中参考了大量的国内外文献，在此向所引文献的作者表示衷心的感谢。

　　限于编者水平，书中难免存在疏漏谬误和不尽如人意之处，恳请广大读者批评指正。

编　者

2012 年 10 月 10 日

目　　录

1 线性规划

1.1 线性规划及其数学模型

1.1.1 线性规划

线性规划是合理利用、调配资源的一种应用数学方法。它的基本思路就是在满足一定的约束条件下,使预定的目标达到最优。它的研究内容可归纳为两个方面:一是系统的任务已定,如何合理筹划,精细安排,用最少的资源(人力、物力和财力)去实现这个任务;二是资源的数量已定,如何合理利用、调配,使任务完成得最多。前者是求极小值,后者是求极大值。线性规划是在满足企业内、外部的条件下,实现管理目标和极值(极小值和极大值)问题,就是要以尽少的资源输入来实现更多社会需要产品的产出。因此,线性规划是辅助企业"转轨""变型"的十分有利的工具,它在辅助企业经营决策、计划优化等方面具有重要的作用。

线性规划是运筹学的一个重要分支。它发展较早,理论上比较成熟,应用较广。20 世纪 30 年代,线性规划从运输问题的研究开始,在军事领域中得到广泛应用和发展。现在已推广并应用于国民经济的综合平衡、生产力的合理布局、最优计划与合理调度等问题,并取得了比较显著的经济效益。线性规划的广泛应用,除了它本身具有实用的特点之外,还由于线性规划模型的结构简单,比较容易被一般未具备高深数学基础,但熟悉业务的经营管理人员所掌握。它的解题方法,简单的可用手算,复杂的可借助于电子计算机的专用软件包,输入数据就能算出结果。

我国于 20 世纪 50 年代初期开始线性规划的研究与应用工作,中国科学院数学所建立了运筹室,最早应用在物资调运方面,在实践中取得了一定的成果,在理论上得到了论证。目前,国内高等学校已将其列为运筹学中必选的课程内容之一,在实际应用方面也已列入重点企业试点和研究项目之一。

1.1.2 数学模型

线性规划的数学模型由决策变量、目标函数与约束条件三个要素构成,其特征是：

(1)解决问题的目标函数是多个决策变量的线性函数,求最大值或最小值;

(2)解决问题的约束条件是一组多个决策变量的线性不等式或等式。

从实际问题中建立数学模型一般有以下三个步骤:

(1)根据影响所要达到目的的因素找到决策变量;

(2)由决策变量和所在达到目的之间的函数关系确定目标函数;

(3)由决策变量所受的限制条件确定决策变量所要满足的约束条件。

当得到的数学模型的目标函数为线性函数,约束条件为线性等式或不等式时,称此数学模型为线性规划模型。

【例1.1】 生产计划问题。某工厂在计划期内要安排生产甲、乙两种产品,这些产品需要在设备 A 上加工,需要消耗材料 B,C。按工艺资料规定,生产单位产品所需的设备台时及 B,C 两种原材料的消耗如表 1-1 所示。已知在计划期内设备的加工能力为 150 台时,可供材料分别为 300 kg,320 kg;每生产一件甲、乙产品,工厂可获得利润分别为 50 元、40 元。假定市场需求无限制,工厂决策者应如何安排生产计划,使工厂在计划期内总的利润最大。

表 1-1

产品 消耗	甲	乙	现有资源
设备 A	4	3	150
材料 B	7	5	300
材料 C	5	6	320
利润/(元/件)	50	40	

解 这样一个规划问题可用数学语言来描述,即可以用数学模型表示。

假设在计划期内生产这两种产品的产量为待定的未知数 x_1, x_2, x_3,称为决策变量。产品生产得越多,获利就越多,但产量要受到设备和生产能力的限制,这种能力的限制就是约束条件。计划期内设备 A 的有效台时是 150,这是一个限制产量的条件,在安排产品甲、乙产量时,要考虑不得超过设备 A 的有效台时,这个条件可用不等式 $4x_1 + 3x_2 \leqslant 150$ 来表示;材料消耗总量不得超过供应量,应有 $7x_1 + 5x_2 \leqslant 300, 5x_1 + 6x_2 \leqslant 320$。生产的产量不能小于零,即 $x_1, x_2, x_3 \geqslant 0$,这个条件称为决策变量的非负要求。用 Z 表示利润,则有 $Z = 50x_1 + 40x_2$,这个式子就是目标函数。该工厂的目标是在不超过所有资源限量的条件下使利润达到最大,即目标函数达到最大值,用数学表达式描述为

$\max Z = 50x_1 + 40x_2$。综合上述,这个问题的数学模型可归纳为:

$$\max Z = 50x_1 + 40x_2$$

$$\begin{cases} 4x_1 + 3x_2 \leqslant 150 \\ 7x_1 + 5x_2 \leqslant 300 \\ 5x_1 + 6x_2 \leqslant 320 \\ x_1 \geqslant 0, x_2 \geqslant 0 \end{cases}$$

在上面的例题中 x_j 称为决策变量,不等式组称为约束条件,函数 Z 称为目标函数。随着讨论问题的要求不同,Z 可以是求最大值(如例1.1)也可以是求最小值(如例1.3),因为 Z 是 x_j 的线性函数,Z 的最大值亦是极大值,最小值亦是极小值,所以有时也将 $\max Z$ 与 $\min Z$ 说成求 Z 的极大值与极小值。

由例 1.1 知,一个生产计划问题可用线性规划模型来描述。若求出 x_1,x_2,x_3 的值,即最优解,使目标函数达到最大值,就得到一种最优生产计划方案。

【例 1.2】 投资问题。某投资公司在第一年有 300 万元资金,每年都有如下的投资方案可供考虑采纳:"假设第一年投入一笔资金,第二年又继续投入此资金的 50%,那么到第三年就可回收第一年投入资金的一倍金额。"投资公司决定最优的投资策略使第五年所掌握的资金最多。

解 设 x_1:第一年的投资 x_2:第一年的预留资金

            x_3:第二年的投资 x_4:第二年的预留资金

            x_5:第三年的投资 x_6:第三年的预留资金

                               x_7:第四年的预留资金

第四年不再进行新的投资,因为这笔投资要到第六年才能回收。约束条件保证每年满足如下关系:追加投资金额 + 新投资金额 + 预留资金 = 可利用的资金总额。

第一年: $x_1 + x_2 = 300$(万元)

第二年: $\left(\dfrac{x_1}{2} + x_3\right) + x_4 = x_2$

第三年: $\left(\dfrac{x_3}{2} + x_5\right) + x_6 = x_4 + 2x_1$

第四年: $\dfrac{x_5}{2} + x_7 = x_6 + 2x_3$

到第五年实有资金总额 $x_7 + 2x_5$,整理后得到下列线性规划模型:

$$\max Z = 2x_5 + x_7$$

$$\begin{cases} x_1 + x_2 = 300 \\ x_1 - 2x_2 + 2x_3 + 2x_4 = 0 \\ 4x_1 - x_3 + 2x_4 - 2x_5 - 2x_6 = 0 \\ 4x_3 - x_5 + 2x_6 - 2x_7 = 0 \\ x_j \geqslant 0, j = 1,2,\cdots,7 \end{cases}$$

【例 1.3】 环保问题。靠近某河流有两个化工厂（见图 1 - 1），流经第一个化工厂的河流流量为 400 万 m^3/d，在两个工厂之间有一条流量为 200 万 m^3/d 的支流。第一化工厂每天排放含有浓 H_2SO_4 的工业污水 2.5 万 m^3，第二化工厂每天排放这种工业污水 1.6 万 m^3。已知从第一化工厂排出的工业污水流到第二化工厂以前有 25% 可自然净化。根据环保要求，河流中工业污水的含量应不大于 0.2%。因此，这两个工厂都需各自处理一部分工业污水。第一化工厂处理工业污水的成本是 1 000 元/万 m^3，第二化工厂处理工业污水的成本是 800 元/万 m^3。问在满足环保要求的条件下，每厂各应处理多少工业污水，使得这两个工厂总的处理工业污水费用最小。

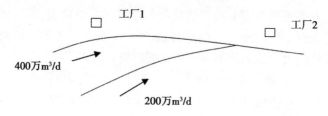

工厂1

工厂2

400万m^3/d

200万m^3/d

图 1 - 1

解 设 x_1, x_2 分别为第一个和第二个化工厂每天应处理工业污水的量。

根据河流中工业污水的含量应不大于 0.2% 的要求，可建立以下不等式：

$$(2.5 - x_1)/400 \leqslant 2/1\ 000$$

$$[0.75 \times (2.5 - x_1) + (1.6 - x_2)]/600 \leqslant 2/1\ 000$$

由于每个工厂每天处理的工业污水量不会大于每天的排放量，故有：

$$x_1 \leqslant 2.5, \quad x_2 \leqslant 1.6$$

经整理，得到下列线性规划模型：

$$\min Z = 1\ 000x_1 + 800x_2$$

$$\begin{cases} x_1 \geqslant 1.7 \\ 0.75x_1 + x_2 \geqslant 2.275 \\ x_1 \leqslant 2.5 \\ x_2 \leqslant 1.6 \\ x_1, x_2 \geqslant 0 \end{cases}$$

【**例1.4**】 合理用料问题。某汽车需要用甲、乙、丙三种规格的轴各一根,这些轴的规格分别为 1.5 m,1 m,0.7 m,这些轴需要用同一种圆钢来做,圆钢长度为 4 m。现在要制造 1 200 辆汽车,最少要用多少圆钢来生产这些轴?

解 这是一个条材下料问题。为了计算方便,这里假定切割的切口宽度为零,在实际应用中,应将切口宽度计算进去。求所用圆钢数量分两步计算,先求出在一根 4 m 长的圆钢上切割三种规格的毛坯共有多少种切割方案,再在这些方案中选择最优或次优方案,即建立线性规划数学模型。求下料方案时应注意:余料不能超过最短毛坯长度;为了不遗漏方案,最好将毛坯长度按降序排列,即先切割长度最长的毛坯,再切割次长的,最后切割最短的。

第一步:设一根圆钢切割成甲、乙、丙三种轴的根数分别为 y_1, y_2, y_3,则切割方式可表示为:

$$1.5y_1 + y_2 + 0.7y_3 \leqslant 4$$

求不等式关于 y_1, y_2, y_3 的非负整数解并且余料不超过 0.7 m,如表 1-2 所示。

表 1-2

方案 规格/根	1	2	3	4	5	6	7	8	9	10	需求量
y_1	2	2	1	1	1	0	0	0	0	0	1 200
y_2	1	0	2	1	0	4	3	2	1	0	1 200
y_3	0	1	0	2	3	0	1	2	4	5	1 200
余料/m	0	0.3	0.5	0.1	0.4	0	0.3	0.6	0.2	0.5	

第二步:建立线性规划数学模型。设 $x_j(j=1,2,\cdots,10)$ 为第 j 种下料方案所用圆钢的根数。则用料最少的数学模型为:

$$\min Z = \sum_{j=1}^{10} x_j$$

$$\begin{cases} 2x_1 + 2x_2 + x_3 + x_4 + x_5 \geqslant 1\,200 \\ x_1 + 2x_3 + x_4 + 4x_6 + 3x_7 + 2x_8 + x_9 \geqslant 1\,200 \\ x_2 + 2x_4 + 3x_5 + x_7 + 2x_8 + 4x_9 + 5x_{10} \geqslant 1\,200 \\ x_j \geqslant 0, j = 1, 2, \cdots, 10 \end{cases}$$

在实际中,如果毛坯规格较多,则切割方案可能很多,甚至有几千个方案,此时用人工编排方案几乎是不可能的。解决这一问题可以编制一个计算机程序由计算机编排方案,给余料确定一个临界值 μ,当某方案的余料大于 μ 时马上舍去该方案,从而减少占用计算机内存,也简化了后面的数学模型。

分析上述例题可知:线性规划是研究线性约束条件下线性目标函数的极大值或极小值问题的数学理论和方法;线性规划的数学模型由决策变量、目标函数与约束条件三个要素构成。则线性规划数学模型的一般表达式可写成为:

$$\max(\min) Z = c_1 x_1 + c_2 x_2 + \cdots + c_n x_n$$

$$\begin{cases} a_{11}x_1 + a_{12}x_2 + \cdots + a_{1n}x_n \leqslant (或 =, \geqslant) b_1 \\ a_{21}x_1 + a_{22}x_2 + \cdots + a_{2n}x_n \leqslant (或 =, \geqslant) b_2 \\ \qquad\qquad\qquad\qquad \vdots \\ a_{m1}x_1 + a_{m2}x_2 + \cdots + a_{mn}x_n \leqslant (或 =, \geqslant) b_m \\ x_j \geqslant 0, j = 1, 2, \cdots, n \end{cases}$$

为了书写方便,上式也可写成:

$$\max(\min) Z = \sum_{j=1}^{n} c_j x_j$$

$$\sum_{j=1}^{n} a_{ij}x_j \leqslant (或 \geqslant, =) b_i, i = 1, 2, \cdots, m$$

$$x_j \geqslant 0, j = 1, 2, \cdots, n$$

在实际中一般 $x_j \geqslant 0$,但有时候 $x_j \leqslant 0$ 或 x_j 无符号限制。

在线性规划的数学模型中,c_j 一般称为价值系数,a_{ij} 称为工艺系数,b_j 称为资源限量。

1.2 图解法

图解法是直接在平面直角坐标系中作图来解线性规划问题的一种方法。这种方法简单直观,有助于了解线性规划问题求解的基本原理,但它不是解线性规划问题的主要方法,只适合于求解两个变量的线性规划问题。

图解法的步骤：

(1)可行域的确定。分别求出满足每个约束条件(包括变量非负要求)的区域,其交集就是可行解集合,称为可行域。

(2)绘制目标函数等值线。先过原点作一条矢量指向点(c_1,c_2),矢量的方向就是目标函数增加的方向,称为梯度方向,再作一条与矢量垂直的直线,这条直线就是目标函数等值线。

(3)求最优解。依据目标函数求最大或最小值来移动目标函数等值线,该直线与可行域边界相交的点对应的坐标就是最优解。一般地,求最大值时该直线沿着矢量方向移动,求最小值时该直线沿着矢量的反方向移动。

【例1.5】 用图解法求解下列线性规划问题:

$$\max Z = x_1 + x_2$$

$$\begin{cases} x_1 + 2x_2 \leqslant 20 \\ 2x_1 + x_2 \leqslant 20 \\ x_1, x_2 \geqslant 0 \end{cases}$$

解 (1)确定可行域。令三个约束条件为等式,得到三条直线,在第一象限画出满足三个不等式的区域,其交集就是可行域。

(2)绘制目标函数等值线。将目标函数的系数组成一个坐标点$(1,1)$,过原点O作一条矢量指向点$(1,1)$,矢量长度不限,矢量的斜率保持$1:1$,再作一条与矢量垂直的直线,这条直线就是目标函数等值线,该直线的位置任意,如果其通过原点,则目标函数值$Z=0$,如图$1-2$所示。

(3)求最优解。图$1-2$的矢量方向是目标函数增加的方向或称为梯度方向,在求最大值时目标函数等值线沿着梯度方向平行移动(求最小值时将目标函数等值线沿着梯度方向的反方向平行移动),直到可行域的边界停止移动,其交点对应的坐标就是最优解。如图$1-2$所示,最优解$X = \left(\dfrac{20}{3}, \dfrac{20}{3} \right)$,目标函数的最大值$Z = \dfrac{40}{3}$。

上例中求解得到问题的最优解是唯一的,但对于一般线性规划问题,求解结果还可能出现以下几种情况:

(1)多重最优解(无穷多最优解)

【例1.6】 将例1.5的目标函数改为$\max Z = 4x_1 + 2x_2$,约束条件不变,则表示目标函数中以参数Z的这组平行直线与约束条件$2x_1 + x_2 \leqslant 20$的边界线平行。平行移动目标函数直线与可行域相交于线段AB,则线段AB上任意点都是最优解。如图$1-3$所示,即最优解不唯一,有无穷多个,称为多重解。最

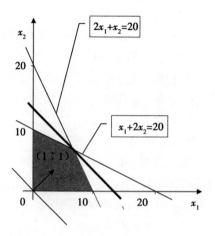

图 1 – 2

优解的通解可表示为 $X = \alpha X^{(1)} + (1 - \alpha) X^{(2)}, 0 \leqslant \alpha \leqslant 1$。

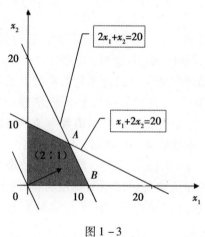

图 1 – 3

（2）无界解

【例 1. 7】 将例 1. 5 的约束条件改为 $\begin{cases} x_1 + 2x_2 \geqslant 20 \\ 2x_1 + x_2 \geqslant 20 \\ x_1, x_2 \geqslant 0 \end{cases}$，目标函数不变，则可

行域如图 1 – 4 所示，目标函数增加的方向与例 1. 5 相同，A 点是最小值点，要达到最大值，目标函数值可在可行域中沿梯度方向继续平移直到无穷远，x_1，x_2 及 Z 都趋于无穷大（无上界），这种情形称为无界解，也即为无最优解。

（3）无可行解

在例 1. 5 的数学模型中增加一个约束条件 $x_1 + x_2 \leqslant 30$，则该问题的可行

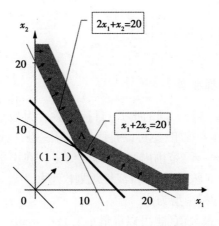

图 1 - 4

域为空集,如图 1 - 5 所示,即无可行解,因此该问题也就不存在最优解。

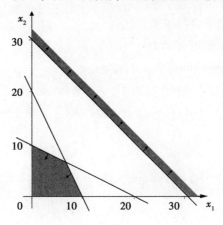

图 1 - 5

通过以上例题分析,可将图解法得出线性规划问题解的几种情况归纳为如表 1 - 3 所示。

表 1 - 3

解的几种情况	约束条件图形特点	数学模型特点
唯一最优解	可行域有界,且只在一个顶点得到最优值	
多重最优解	在可行域的边界上,至少有两个顶点处得到最优值	目标函数和某一约束条件的系数成比例
无可行解(无解)	可行域为空集	有矛盾的约束条件
无界解(无解)	可行域无界,且无有限最优值	缺乏必要的约束条件

1.3 线性规划的单纯形法

1.3.1 线性规划的标准型

线性规划问题有各种不同的形式:目标函数可为最小值,也可为最大值;约束条件可以是线性方程组,也可以是线性不等式组;决策变量通常是非负约束,但也允许在$(-\infty,\infty)$范围内取值,即无约束。在用单纯形法求解线性规划问题时,为了讨论问题方便,需将线性规划模型化为统一的标准形式。

线性规划问题的标准型为:

(1)目标函数求最大值(也可以求最小值);

(2)约束条件均为等式方程;

(3)变量x_j为非负;

(4)常数b_i都大于或等于零。

标准型的数学模型可表示为:

$$\max(\min)Z = c_1 x_1 + c_2 x_2 + \cdots + c_n x_n$$

$$\begin{cases} a_{11}x_1 + a_{12}x_2 + \cdots + a_{1n}x_n = b_1 \\ a_{21}x_1 + a_{22}x_2 + \cdots + a_{2n}x_n = b_2 \\ \qquad\qquad\qquad \vdots \\ a_{m1}x_1 + a_{m2}x_2 + \cdots + a_{mn}x_n = b_m \\ x_j \geqslant 0, j = 1,2,\cdots,n; b_i \geqslant 0, i = 1,2,\cdots,m \end{cases}$$

或写成下列形式:

$$\max Z = \sum_{j=1}^{n} c_j x_j$$

$$\begin{cases} \sum_{j=1}^{n} a_{ij}x_j = b_j \\ x_j \geqslant 0, j = 1,2,\cdots,n; b_i \geqslant 0, i = 1,2,\cdots,m \end{cases}$$

或用矩阵形式:

$$\max Z = CX$$

$$\begin{cases} AX = b \\ X \geqslant 0, b \geqslant 0 \end{cases}$$

其中:

$$A = \begin{bmatrix} a_{11} & a_{12} & \cdots & a_{1n} \\ a_{21} & a_{22} & \cdots & a_{2n} \\ & & \vdots & \\ a_{m1} & a_{m2} & \cdots & a_{mn} \end{bmatrix}; \quad X = \begin{bmatrix} x_1 \\ x_2 \\ \vdots \\ x_n \end{bmatrix}; \quad b = \begin{bmatrix} b_1 \\ b_2 \\ \vdots \\ b_m \end{bmatrix}; \quad C = \begin{bmatrix} c_1 & c_2 & \cdots c_n \end{bmatrix}$$

A——约束方程的 $m \times n$ 维系数矩阵,一般 $m \leq n$,且 A 的秩为 m,记为 r
  $(A) = m$;

b——资源向量;

C——价值向量;

X——决策变量向量。

实际问题提出的线性规划问题的数学模型都应变换为标准型后求解。

以下讨论如何变换为标准型的问题。

(1)若要求目标函数实现最小化,即 $\min Z = CX$,这时只需将目标函数最小化变换为目标函数最大化,即令 $Z' = -Z$,于是得到 $\max Z' = -CX$。

(2)若约束方程为不等式,这里有两种情况:一种是约束方程为"$\leq$"不等式,则可在不等式的左端加入非负松弛变量,把原不等式变为等式;另一种是约束方程为"$\geq$"不等式,则可在不等式的左端减去一个非负剩余变量(也称松弛变量),把原不等式变为等式。

(3)若变量不满足"$x_j \geq 0$"。这里也有两种情况:一种是 $x_j \leq 0$,可令 $x'_j = -x_j$,用 x'_j 代替 x_j;另一种是 x_j 无约束,可令 $x_j = x'_j - x''_j$,用 $x'_j - x''_j$ 代替 x_j,其中 $x'_j \geq 0, x''_j \geq 0$。

(4)若 $b_j \leq 0$,这时只需将约束方程两边同时乘以 -1。

【**例 1.8**】 将下述线性规划问题化为标准型。

$$\min Z = -x_1 + 2x_2 - 3x_3$$

$$\begin{cases} x_1 + x_2 + x_3 \leq 7 \\ x_1 - x_2 + x_3 \geq 2 \\ -3x_1 + x_2 + 2x_3 = 5 \\ x_1, x_2 \geq 0, x_3 \text{ 为无约束} \end{cases}$$

解 (1)用 $x_4 - x_5$ 替换 x_3,其中 $x_4, x_5 \geq 0$;

(2)在第一个约束不等式 $\leq$ 号的左端加入松弛变量 x_6;

(3)在第二个约束不等式 $\geq$ 号的左端减去剩余变量 x_7;

(4)令 $Z' = -Z$,把求 $\min Z$ 改为求 $\max Z'$。得到该问题的标准型为:

$$\max Z' = x_1 - 2x_2 + 3(x_4 - x_5) + 0x_6 + 0x_7$$

$$\begin{cases} x_1 + x_2 + (x_4 - x_5) + x_6 = 7 \\ x_1 - x_2 + (x_4 - x_5) - x_7 = 2 \\ -3x_1 + x_2 + 2(x_4 - x_5) = 5 \\ x_1, x_2, x_4, x_5, x_6, x_7 \geqslant 0 \end{cases}$$

1.3.2 线性规划的有关概念

已知线性规划的标准型为：

$$\max Z = CX$$
$$\begin{cases} AX = b \\ X \geqslant 0 \end{cases}$$

（1）基。式中 A 是 $m \times n$ 阶矩阵，$m \leqslant n$ 且 $r(A) = m$，显然 A 中至少有一个 $m \times m$ 子矩阵 B，使得 $r(B) = m$。B 是矩阵 A 中 $m \times m$ 阶非奇异子矩阵（$|B| \neq 0$），则称 B 是线性规划的一个基（或基矩阵）。当 $m = n$ 时，基矩阵唯一，当 $m < n$ 时，基矩阵就可能有多个，但最多不超过 C_n^m。

【例 1.9】 已知线性规划

$$\max Z = 4x_1 - 2x_2 - x_3$$
$$\begin{cases} 5x_1 + x_2 - x_3 + x_4 = 3 \\ -10x_1 + 6x_2 + 2x_3 + x_5 = 2 \\ x_j \geqslant 0, j = 1, 2, \cdots, 5 \end{cases}$$

求其所有基矩阵。

解 约束方程的系数矩阵 $A = \begin{bmatrix} 5 & 1 & -1 & 1 & 0 \\ -10 & 6 & 2 & 0 & 1 \end{bmatrix}$ 为 2×5 矩阵，$r(A) = 2$，则其子矩阵为 $C_5^2 = 10$ 个，其中第 1 列和第 3 列构成的 2 阶矩阵不是一个基，基矩阵为以下 9 个：

$$B_1 = \begin{bmatrix} 5 & 1 \\ -10 & 6 \end{bmatrix}, \quad B_2 = \begin{bmatrix} 5 & 1 \\ -10 & 0 \end{bmatrix}, \quad B_3 = \begin{bmatrix} 5 & 0 \\ -10 & 1 \end{bmatrix}$$

$$B_4 = \begin{bmatrix} 1 & -1 \\ 6 & 2 \end{bmatrix}, \quad B_5 = \begin{bmatrix} 1 & -1 \\ 6 & 0 \end{bmatrix}, \quad B_6 = \begin{bmatrix} 1 & 0 \\ 6 & 1 \end{bmatrix}$$

$$B_7 = \begin{bmatrix} -1 & 1 \\ 2 & 0 \end{bmatrix}, \quad B_8 = \begin{bmatrix} -1 & 0 \\ 2 & 1 \end{bmatrix}, \quad B_9 = \begin{bmatrix} 1 & 0 \\ 0 & 1 \end{bmatrix}$$

（2）基向量、非基向量、基变量、非基变量。当确定某一子矩阵为基矩阵时，则基矩阵对应的列向量称为基向量，其余列向量称为非基向量，基向量对应的变量称为基变量,非基向量对应的变量称为非基变量。

基变量和非基变量是针对某一确定基而言的,不同的基对应的基变量和非基变量不同。例1.9中B_1的基向量是A中的第一列和第二列,其余列向量是非基向量,x_1,x_2是基变量,x_3,x_4,x_5是非基变量;B_2的基向量是A中的第一列和第四列,其余列向量是非基向量,x_1,x_4是基变量,x_2,x_3,x_5是非基变量。

(3)基本解。对某一确定基B,令其对应的非基变量等于零,利用约束条件$AX=b$解出基变量,则这组解称为基B的基本解。例1.9中对于B_9而言,$X=(0,0,0,3,2)$是其基本解。

(4)可行解。满足约束条件的解$X=(x_1,x_2,\cdots,x_n)^{\mathrm{T}}$称为可行解。

(5)最优解。满足目标函数的可行解称为最优解,即使得目标函数达到极值的可行解就是最优解。

(6)基本可行解。满足非负条件的基本解称为基本可行解(也称基可行解)。在例1.9中,$X=(0,0,0,3,2)$既是基本解,又满足条件$x_j \geqslant 0$,则其是一个基本可行解。

(7)基本最优解。最优解是基本解称为基本最优解。例1.9中$X=\left(\dfrac{3}{5},0,0,0,8\right)$是最优解,同时又是$B_3$的基本解,因此它是基本最优解。

当最优解唯一时,最优解也是基本最优解。当最优解不唯一时,则最优解不一定是基本最优解。

(8)可行基与最优基。基可行解对应的基称为可行基,基本最优解对应的基称为最优基。最优基也是可行基。

基本解、可行解、最优解、基本可行解、基本最优解的关系如图1-6所示。箭尾的解一定是箭头的解,否则不一定成立。例如,基本最优解是基本可行解也是基本解,但基本解不一定是基本可行解。

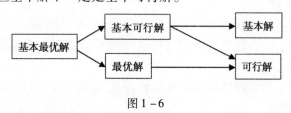

图1-6

1.3.3 线性规划的几何意义

在1.2节介绍图解法时,已直观地看到可行域和最优解的几何意义,在此从理论上进一步讨论。

(1)凸集。设K是n维空间的一个点集,对任意两点$X^{(1)},X^{(2)} \in K$,当X

$= \alpha X^{(1)} + (1-\alpha)X^{(2)} \in K(0 \leqslant \alpha \leqslant 1)$ 时,则称 K 为凸集。

$X = \alpha X^{(1)} + (1-\alpha)X^{(2)}$ 就是以 $X^{(1)}$、$X^{(2)}$ 为端点的线段方程,点 X 的位置由 α 的值确定,当 $\alpha = 0$ 和 $\alpha = 1$ 时,表示线段的两个端点。

从直观上讲,凸集没有凹入部分,其内部没有空洞。实心圆、实心球体、实心立方体等都是凸集,圆环不是凸集。如图 1 - 7 所示,(a)是凸集,(b)不是凸集。任何两个凸集的交集是凸集,如图 1 - 7(c)。

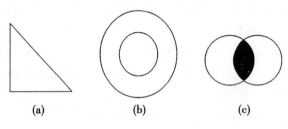

(a)   (b)   (c)

图 1 - 7

(2)凸组合。设 $X, X^{(1)}, X^{(2)}, \cdots, X^{(K)}$ 是 $R^{(n)}$ 中的一点,若存在 $\lambda_1, \lambda_2, \cdots, \lambda_n$,且 $\lambda_i \geqslant 0$ 及 $\sum\limits_{i=1}^{K} \lambda_i = 1$,使得 $X = \sum\limits_{i=1}^{K} \lambda_i X_i$ 成立,则称 X 为 $X^{(1)}, X^{(2)}, \cdots, X^{(K)}$ 的凸组合。

(3)极点。设 K 是凸集,$X \in K$,若 X 不能用 K 中两个不同的点 $X^{(1)}, X^{(2)}$ 的凸组合表示为:

$$X = \alpha X^{(1)} + (1-\alpha)X^{(2)} \qquad (0 < \alpha < 1)$$

则称 X 是 K 的一个极点(或顶点)。

X 是凸集 K 的极点,即 X 不可能是 K 中某一线段的内点,只能是 K 中某一线段的端点。

(4)几个定理

【定理 1.1】 若线性规划可行解 K 非空,则 K 是凸集。

【定理 1.2】 若线性规划的可行解集合 K 的点 X 是极点的充要条件为 X 是基本可行解。

【定理 1.3】 若线性规划有最优解,则最优解一定可以在可行解集合的某个极点上得到。

定理 1.1 描述了可行解集的几何特征。

定理 1.2 描述了可行解集的极点与基本可行解的对应关系。极点是基本可行解,基本可行解在极点上,但它们并非一一对应,可能有两个或几个基本可行解对应于同一个极点(退化基本可行解)。

定理 1.3 描述了最优解在可行解集中的位置。若最优解唯一,则最优解只能在某一极点上达到;若具有多重最优解,则最优解是在某些极点上的凸组合。因此,最优解是可行解集的极点或界点,不可能是可行解集的内点。

由定理 1. 2 和定理 1. 3 可知,线性规划的最优解是在有限个基本可行解中求得的。若 m, n 较小,采用"枚举法"找到所有基可行解,然后一一比较,最终可能找到最优解。这种枚举法求最优解必须以线性规划存在最优解为前提,否则会得到错误的结果。

若线性规划的可行解集非空且有界,则一定有最优解;若可行解集无界,则线性规划可能有最优解,也可能没有最优解。若线性规划具有无界解,则可行域一定无界。

1.3.4 普通单纯形法

单纯形计算方法是一种逐步逼近最优解的迭代方法。其思路是从线性方程组中找出一个个的单纯形,每一个单纯形可以求得一组解,然后再判断该解使目标函数值是增大还是变小,决定下一步选择的单纯形,逐步迭代直到目标函数实现最大值或最小值为止。普通单纯形法是最基本最简单的一种方法,它假定标准型系数矩阵 A 中可以观察得到一个可行基(通常是一个单位矩阵或 m 个线性无关的单位向量组成的矩阵),可以通过解线性方程组求得基本可行解,进一步迭代直到求得最优解。

【例 1. 10】 用单纯形法求下列线性规划的最优解:

$$\max Z = 3x_1 + 4x_2$$

$$\begin{cases} 2x_1 + x_2 \leqslant 40 \\ x_1 + 3x_2 \leqslant 30 \\ x_1, x_2 \geqslant 0 \end{cases}$$

解 (1)化为标准型

$$\max Z = 3x_1 + 4x_2$$

$$\begin{cases} 2x_1 + x_2 + x_3 = 40 \\ x_1 + 3x_2 + x_4 = 30 \\ x_1, x_2, x_3, x_4 \geqslant 0 \end{cases}$$

(2)找初始基本可行解

该问题的系数矩阵为:

$$A = \begin{vmatrix} 2 & 1 & 1 & 0 \\ 1 & 3 & 0 & 1 \end{vmatrix}$$

A 中第 3 列和第 4 列组成二阶单位矩阵 $B_1 = \begin{vmatrix} 1 & 0 \\ 0 & 1 \end{vmatrix}$, $r(B_1) = 2$,则 B_1 是

一个初始基,由此得到一个初始基本可行解为 $X^{(1)} = (0,0,40,30)^{\mathrm{T}}$。

(3)检验 $X^{(1)}$ 是否为最优解

分析目标函数 $\max Z = 3x_1 + 4x_2$ 可知,非基变量 x_1,x_2 的系数都是正数,若 x_1,x_2 为正数,则 Z 值就会增加。所以 $X^{(1)}$ 不是该问题的最优解。只要在目标函数的表达式中还存在有正系数的非基变量,目标函数值还有增加的可能,就需要将非基变量与基变量进行对换。判别线性规划问题是否达到最优解的数称为检验数,记为 $\lambda_j(j=1,2,\cdots,n)$。本例中 $\lambda_1 = 3,\lambda_2 = 4,\lambda_3 = 0,\lambda_4 = 0$。

检验数。目标函数用非基变量表示,其变量的系数为检验数。

(4)第一次换基迭代

在此需要选择一个 $\lambda_k > 0$ 的非基变量 x_k 换成基变量,称为进基变量,同时选择一个能使所有变量非负的基变量 x_l 换成非基变量,称为出基变量。

一般选择 $\lambda_k = \max\{\lambda_j | \lambda_j > 0\}$ 对应的 x_k 进基,本例中 x_2 进基。由于 x_2 进基,必须要从原基变量 x_3,x_4 中选择一个换出作为非基变量,并且使得新的基本解仍然可行。由约束条件

$$\begin{cases} 2x_1 + x_2 + x_3 = 40 \\ x_1 + 3x_2 + x_4 = 30 \\ x_1,x_2,x_3,x_4 \geqslant 0 \end{cases}$$

知,当 $x_1 = 0$ 时,可得到如下不等式组

$$\begin{cases} x_3 = 40 - x_2 \geqslant 0 \\ x_4 = 30 - 3x_2 \geqslant 0 \end{cases}$$

因此 x_2 只有选择 $x_2 = \min(40,10) = 10$ 时,才能使上述不等式组成立。又因为非基变量等于零,当 $x_2 = 10$ 时,$x_4 = 0$,即 x_4 为出基变量。

用线性方程组的消元法(初等行变换),将基变量 x_2,x_3 解出得到:

$$\begin{cases} \dfrac{5}{3}x_1 + x_3 - \dfrac{1}{3}x_4 = 30 \\ \dfrac{1}{3}x_1 + x_2 + \dfrac{1}{3}x_4 = 10 \end{cases}$$

解得另一个基本可行解为:

$$X^{(2)} = (0,10,30,0)^{\mathrm{T}}$$

(5)检验 $X^{(2)}$ 是否为最优解

$X^{(2)}$ 是不是最优解,仍要看检验数的符号。由 $\dfrac{1}{3}x_1 + x_2 + \dfrac{1}{3}x_4 = 10$ 得 $x_2 = 10 - \dfrac{1}{3}x_1 - \dfrac{1}{3}x_4$,代入目标函数得:

$$Z = 3x_1 + 4\left(10 - \frac{1}{3}x_1 - \frac{1}{3}x_4\right) = 40 + \frac{5}{3}x_1 - \frac{4}{3}x_4$$

目标函数中非基变量的检验数 $\lambda_1 = \frac{5}{3}, \lambda_2 = -\frac{4}{3}$。因为 $\lambda_1 = > 0$，所以 $X^{(2)}$ 仍然不是最优解。

(6)第二次换基迭代

迭代方法同上面的相同，x_1 为进基变量，选择出基变量用最小比值规则，即常数向量与进基变量的系数列向量的正数求比值，最小比值对应的变量出基。本例 $\theta = \min\left\{\frac{30}{5/3}, \frac{10}{1/3}\right\} = 18$，第一行的比值最小，$x_3$ 为出基变量。因此 x_1, x_2 为基变量，x_3, x_4 为非基变量。

将 x_1, x_2 的系数矩阵用初等变换的方法化为单位阵（或消元法解出 x_1，x_2）得到：

$$\begin{cases} x_1 + \dfrac{3}{5}x_3 - \dfrac{1}{5}x_4 = 18 \\ x_2 - \dfrac{1}{5}x_3 + \dfrac{2}{5}x_4 = 4 \end{cases}$$

解得另一个基本可行解为：

$$X^{(3)} = (18, 4, 0, 0)^T$$

(7)检验 $X^{(3)}$ 是否为最优解

由 $x_1 + \frac{3}{5}x_3 - \frac{1}{5}x_4 = 18$ 知，$x_1 = 18 - \frac{3}{5}x_3 + \frac{1}{5}x_4$，将其代入目标函数：

$$Z = 40 + \frac{5}{3}\left(18 - \frac{3}{5}x_3 + \frac{1}{5}x_4\right) - \frac{4}{3}x_4 = 70 - x_3 - x_4$$

因为 $\lambda_j < 0$，所以 $X^{(3)} = (18, 4, 0, 0)^T$ 是最优解，最优值 $Z = 70$。

通过分析上述例题可知，如何通过观察得到一个基本可行解并能判断是否为最优解，关键看模型是不是典则形式（或典式）。

所谓典式就是：(1)约束条件系数矩阵存在 m 个不相关的单位向量；(2)目标函数中不含有基变量。满足条件(1)时立即可以写出基本可行解，满足条件(2)时马上就可以得到检验数。

以上全过程计算方法就是单纯形法，用列表的方法计算更为简洁，这种表格称为单纯形表，如表 1-4 所示。

表 1 - 4

		C_j	3	4	0	0	b	θ_i
	C_B	X_B	x_1	x_2	x_3	x_4		
(a)	0	x_3	2	1	1	0	40	40
	0	x_4	1	[3]	0	1	30 →	10
	λ_j		3	4 ↑	0	0	0	
(b)	0	x_3	[5/3]	0	1	−1/3	30 →	18
	4	x_2	1/3	1	0	1/3	10	30
	λ_j		5/3 ↑	0	0	−4/3	−40	
(c)	3	x_1	1	0	3/5	−1/5	18	
	4	x_2	0	1	−1/5	2/5	4	
	λ_j		0	0	−1	−1	−70	

进基列　　主元素　　出基行

C_B 列为基变量的价值系数;

X_B 列为基变量;

b 为约束方程组右端的常数;

θ_i 为 $\left|\dfrac{b_i}{a_{ik}}\right|$, $a_{ik} > 0$。

综上可将普通单纯形法的计算步骤归纳为:

(1)将原问题化为标准型。

(2)找到初始可行基,建立单纯形表,求出检验数。

通常在标准型的系数矩阵 A 中选择一个 m 阶单位矩阵或 m 个线性无关的单位向量作为初始可行基(如表 1 - 4(a)中 x_3, x_4 列对应的 2 个线性无关的单位向量),从而可以求得初始基本可行解。若不存在 m 阶单位矩阵,则要通过观察或试算寻找可行基,一般采用下面将要介绍的大 M 法或两阶段单纯形法。

需要说明的是:基变量的检验数必为零。

(3)最优性检验。

求最大值时得到最优解,求最小值时 $\lambda_j \geqslant 0$ 得到最优解;某个 $\lambda_j \geqslant 0$(极大化问题),或某个 $\lambda_j \leqslant 0$(极小化问题),且 $a_{ik} \leqslant 0$($i = 1, 2, \cdots, m$),则线性规划具有无界解;存在 $\lambda_j \geqslant 0$(极大化问题),或 $\lambda_j \leqslant 0$(极小化问题)且 a_{ik}($i = 1, 2, \cdots, m$)不完全非正,则进行换基。

（4）换基迭代。

在选进基变量时，设 $\lambda_k = \max\{\lambda_j | \lambda_j > 0\}$（极大化问题），或 $\lambda_k = \min\{\lambda_j |$ $\lambda_j < 0\}$（极小化问题），则应选 k 列的变量 x_k 为进基变量，如表 1-4(a) 中的 x_2。

在选出基变量时，设 $\theta_L = \min\left\{\dfrac{b_i}{a_{ik}} | a_{ik} > 0\right\}$，表明第 L 行的比值最小，则应选 L 行对应基变量作为出基变量，如表 1-4(a) 中的 x_4。a_{LK} 为主元素。

需要注意的是：选出基变量时，a_{LK} 必须大于零，小于或等于零没有比值（比值视为无穷大）；若有两个以上相同最小值，任选一个最小比值对应的基变量出基，这时下一基本可行解中存在为零的基变量，称为退化基本可行解。

换基后找到新的可行基（化为新的典式）。用初等行变换方法将 a_{LK} 化为 1，k 列其他元素化为零（包括检验数行），得到新的可行基及基本可行解，再判断其是否是最优解。

【例1.11】 用单纯形法求解

$$\max Z = 10x_1 + 5x_2$$

$$\begin{cases} 3x_1 + 4x_2 \leqslant 9 \\ 5x_1 + 2x_2 \leqslant 8 \\ x_1, x_2 \geqslant 0 \end{cases}$$

解 将数学模型化为标准形式

$$\max Z = 10x_1 + 5x_2$$

$$\begin{cases} 3x_1 + 4x_2 + x_3 = 9 \\ 5x_1 + 2x_2 + x_4 = 8 \\ x_1, x_2, x_3, x_4 \geqslant 0 \end{cases}$$

容易看出 x_3, x_4 可作为初始基变量，单纯形法计算结果如表 1-5 所示。表的上方增加一行，填写目标函数的系数，目的是用来求非基变量的检验数。检验数可用公式：

$$\lambda_j = c_j - C_B P_j$$

计算。如表 1-5，初始表中 x_1 的检验数

$$\lambda_1 = C_1 - C_B P_1 = 10 - (0,0)\begin{bmatrix} 3 \\ 5 \end{bmatrix} = 10 - (0 \times 3 + 0 \times 5) = 10$$

表 1 - 5

C_j		10	5	0	0	b	θ
C_B	X_B	x_1	x_2	x_3	x_4		
0	x_3	3	4	1	0	9	3
0	x_4	[5]	2	0	1	8→	8/5
	λ_j	10↑	5	0	0	0	
0	x_3	0	[14/5]	1	-3/5	21/5→	3/2
10	x_1	1	2/5	0	1/5	8/5	4
	λ_j	0	1↑	0	-2	-16	
5	x_2	0	1	5/14	-3/14	3/2	
10	x_1	1	0	-1/7	2/7	1	
	λ_j	0	0	-5/14	-25/14		

当 $\lambda_j \leqslant 0$ 时,得到最优解为 $X = \left(1, \dfrac{3}{2}\right)^T$。

$$\max Z = 10 \times 1 + 5 \times \frac{3}{2} = \frac{35}{2}$$

【例 1.12】   用单纯形法求解

$$\max Z = -x_1 + x_2$$
$$\begin{cases} 3x_1 - 2x_2 \leqslant 1 \\ -2x_1 + x_2 \geqslant -4 \\ x_1, x_2 \geqslant 0 \end{cases}$$

解   将数学模型化为标准形式

$$\max Z = -x_1 + x_2$$
$$\begin{cases} 3x_1 - 2x_2 + x_3 = 1 \\ 2x_1 - x_2 + x_4 = 4 \\ x_1, x_2, x_3, x_4 \geqslant 0 \end{cases}$$

单纯形法计算该问题的初始单纯形表见表 1 - 6。

表 1 - 6

X_B	x_1	x_2	x_3	x_4	b
x_3	3	-2	1	0	1
x_4	2	-1	0	1	4
λ_j	-1	1	0	0	

因为 $\lambda_2 = 1 > 0, x_2$ 进基。但是 $a_{12} < 0, a_{22} < 0$，没有比值，说明只要 $x_2 \geq 0$ 就能保证 x_3, x_4 非负，即当固定 x_1 使 $x_2 \rightarrow +\infty$ 时 $Z \rightarrow +\infty$ 且满足约束条件，因而原问题具有无界解。

【例 1.13】 用单纯形法求解

$$\max Z = x_1 - 2x_2 + x_3$$

$$\begin{cases} x_1 - 2x_2 + 2x_3 \leq 1 \\ x_1 + x_2 - x_3 \leq 6 \\ x_1, x_2, x_3 \geq 0 \end{cases}$$

解 将数学模型化为标准形式

$$\max Z = x_1 - 2x_2 + x_3$$

$$\begin{cases} x_1 - 2x_2 + 2x_3 + x_4 = 1 \\ x_1 + x_2 - x_3 + x_5 = 6 \\ x_j \geq 0 (j = 1, 2, \cdots, 5) \end{cases}$$

单纯形法计算结果如表 1-7 所示。

表 1-7

	C_j		1	-2	1	0	0	b	θ
	C_B	X_B	x_1	x_2	x_3	x_4	x_5		
(1)	0	x_4	1	-2	2	1	0	1→	1
	0	x_5	1	1	-1	0	1	6	6
	λ_j		1↑	-2	1	0	0		
(2)	1	x_1	1	-2	2	1	0	1	—
	0	x_5	0	3	-3	-1	1	5	5/3→
	λ_j		0	0↑	-1	-1	0		
(3)	1	x_1	1	0	0	1/3	2/3	13/3	
	-2	x_2	0	1	-1	-1/3	1/3	5/3	
	λ_j		0	0	-1	-1	0		

表 1-7(2) 中 λ_j 已经全部非正，得到最优解 $X^{(1)} = (1, 0, 0, 0, 5)^T$，最优值 $Z = 1$。

表 1-7(2) 中非基变量 x_2 的检验数 $\lambda_2 = 0$，表明若 x_2 增加，目标函数值不变，即当 x_2 进基时目标值仍等于 1。令 x_2 进基，x_5 出基继续迭代得到表 1-7(3) 的另一个基本最优解 $X^{(2)} = \left(\dfrac{13}{3}, \dfrac{5}{3}, 0, 0, 0 \right)^T$。

$X^{(1)}$,$X^{(2)}$是原线性规划的两个最优解,它的凸组合 $X = \alpha X^{(1)} + (1 - \alpha)$ $X^{(2)}$仍是最优解,即原线性规划问题有多重最优解。

综上,单纯形法求解线性规划问题的解的特点如下:

(1)最优表中所有非基变量的检验数非零,则线性规划具有唯一最优解;

(2)某个 $\lambda_k > 0$(极大化问题),或某个 $\lambda_k < 0$(极小化问题),且 $a_{ik} \leqslant 0(1,$ $2, \cdots, m)$,则线性规划具有无界解;

(3)最优表中存在非基变量的检验数为零,则线性规划具有多重最优解。

1.3.5 大 M 和两阶段单纯形法

1.3.5.1 大 M 单纯形法

大 M 单纯形法的基本思想是:约束条件加入人工变量 R_i 后,求极大值时,将目标函数变为 $\max Z = \sum_{j=1}^{n} c_j x_j - M \sum_{i=1}^{m} R_i$;求极小值时,将目标函数变为 $\min Z = \sum_{j=1}^{n} c_j x_j + M \sum_{i=1}^{m} R_i$。

为了使人工变量不影响目标函数的取值,式中 M 为任意大的正数。并且在迭代过程中为了实现目标函数的最大化或者最小化,必须把人工变量从基变量换出,即 R_i 要出基。

如果用大 M 单纯形法计算得到最优解中存在 $R_i > 0$,则表明原线性规划问题无可行解。

【**例 1.14**】 用大 M 单纯形法求解下列线性规划

$$\min Z = -3x_1 + x_2 + x_3$$

$$\begin{cases} x_1 - 2x_2 + x_3 \leqslant 11 \\ -4x_1 + x_2 + 2x_3 \geqslant 3 \\ -2x_1 + x_3 = 1 \\ x_1, x_2, x_3 \geqslant 0 \end{cases}$$

解 将数学模型化为标准形式:

$$\min Z = -3x_1 + x_2 + x_3$$

$$\begin{cases} x_1 - 2x_2 + x_3 + x_4 = 11 \\ -4x_1 + x_2 + 2x_3 - x_5 = 3 \\ -2x_1 + x_3 = 1 \\ x_j \geqslant 0, j = 1, 2, \cdots, 5 \end{cases}$$

标准形式中的 x_4,x_5 为松弛变量,x_4 可作为一个基变量,第二、三约束中分别

加入人工变量 x_6, x_7，目标函数中加入 $+Mx_6 + Mx_7$ 一项，得到大 M 单纯形法数学模型：

$$\min Z = -3x_1 + x_2 + x_3 + Mx_6 + Mx_7$$

$$\begin{cases} x_1 - 2x_2 + x_3 + x_4 = 11 \\ -4x_1 + x_2 + 2x_3 - x_5 + x_6 = 3 \\ -2x_1 + x_3 + x_7 = 1 \\ x_j \geq 0, j = 1, 2, \cdots, 7 \end{cases}$$

接下来用前面介绍的单纯形法求解，见表 $1-8$ 所示。

表 1 - 8

C_j		-3	1	1	0	0	M	M	b	θ
C_B	X_B	x_1	x_2	x_3	x_4	x_5	x_6	x_7		
0	x_4	1	-2	1	1	0	0	0	11	11
M	x_6	-4	1	2	0	-1	1	0	3	$3/2$
M	x_7	-2	0	$[1]$	0	0	0	1	$1\rightarrow$	1
λ_j		$-3+6M$	$1-M$	$1-3M\uparrow$	0	M	0	0		
0	x_4	3	-2	0	1	0	0		10	—
M	x_6	0	$[1]$	0	0	-1	1		$1\rightarrow$	1
1	x_3	-2	0	1	0	0	0		1	—
λ_j		-1	$1-M\uparrow$	0	0	M				
0	x_4	$[3]$	0	0	1	-2			$12\rightarrow$	4
1	x_2	0	1	0	0	-1			1	—
1	x_3	-2	0	1	0	0			1	—
λ_j		$-1\uparrow$	0	0	0	1				
-3	x_1	1	0	0	$1/3$	$-2/3$			4	
1	x_2	0	1	0	0	-1			1	
1	x_3	0	0	1	$2/3$	$-4/3$			9	
λ_j		0	0	0	$1/3$	$1/3$				

因为本例是求最小值，所以当 $\lambda_j \geq 0$ 且 x_6, x_7 为非基变量时可求得最优解为 $X = (4,1,9,0,0)^T$，最优值 $Z = -2$。

观察表 $1-8$ 可知，人工变量是帮助我们寻求原问题的可行基，第三张表就找到了原问题的一组基变量 x_4, x_2, x_3，此时人工变量就可以从模型中退出，也说明原问题具有可行解,但不一定具有最优解。

由第二张表可知,x_7 已经出基,故没有计算第七列的数值。同理第三、四张表中 x_6,x_7 都已经出基,因此第六、七列没有计算。人工变量一旦出基,就不会再进基。

【例 1.15】 求解线性规划

$$\min Z = 5x_1 - 8x_2$$
$$\begin{cases} 3x_1 + x_2 \leqslant 6 \\ x_1 - 2x_2 \geqslant 4 \\ x_1, x_2 \geqslant 0 \end{cases}$$

解 将数学模型化为标准形式

$$\min Z = 5x_1 - 8x_2$$
$$\begin{cases} 3x_1 + x_2 + x_3 = 6 \\ x_1 - 2x_2 - x_4 = 4 \\ x_j \geqslant 0, j = 1, 2, \cdots, 4 \end{cases}$$

由于该标准型中系数矩阵没有 2×2 阶单位矩阵,因此需要在第二个方程中加入人工变量 x_5,目标函数中加上 Mx_5,得到

$$\min Z = 5x_1 - 8x_2 + Mx_5$$
$$\begin{cases} 3x_1 + x_2 + x_3 = 6 \\ x_1 - 2x_2 - x_4 + x_5 = 4 \\ x_j \geqslant 0, j = 1, 2, \cdots, 5 \end{cases}$$

用单纯形法计算如表 1-9 所示。

表 1-9

C_j		5	-8	0	0	M	b
C_B	X_B	x_1	x_2	x_3	x_4	x_5	
0	x_3	3	1	1	0	0	6
M	x_5	1	-2	0	-1	1	4
λ_j		$5-M$	$-8+2M$	0	M	0	
5	x_1	1	1/3	1/3	0	0	2
M	x_5	0	-7/3	-1/3	-1	1	2
λ_j		0	$-29/3+7/3M$	$-5/3+1/3M$	M	0	

因此该问题的最优解 $X = (2,0,0,0,2)^{\mathrm{T}}$,最优 $Z = 10 + 2M$。由于最优解中含有人工变量 $x_5 \neq 0$,说明这个解是伪最优解,是不可行的,也即原问题无可行

解。

1.3.5.2 两阶段单纯形法

两阶段单纯形法与大 M 单纯形法的目的类似,将人工变量从基变量中换出,以求得原问题的初始基本可行解。将问题分为以下两个阶段:

第一阶段:给原线性规划问题加入人工变量,并构造仅含人工变量的目标函数并实现其最小化,即 $\min w = \sum\limits_{i=1}^{m} R_i$。

第二阶段:将第一阶段计算得到的最终表除去人工变量,并且将目标函数行的系数换为原问题的目标函数系数,作为第二阶段计算的初始表。

当第一阶段的最优解 $w = 0$ 时,说明找到了原问题的一组基本可行解;反之当 $w \neq 0$ 时,说明还有不为零的人工变量是基变量,则原问题无可行解。

【例 1.16】 用两阶段单纯形法求解例 1.14 的线性规划。

解 标准型为

$$\min Z = -3x_1 + x_2 + x_3$$

$$\begin{cases} x_1 - 2x_2 + x_3 + x_4 = 11 \\ -4x_1 + x_2 + 2x_3 - x_5 = 3 \\ -2x_1 + x_3 = 1 \\ x_j \geq 0, j = 1, 2, \cdots, 5 \end{cases}$$

在第二、三约束中分别加入人工变量 x_6, x_7 后,构造第一阶段问题:

$$\min w = x_6 + x_7$$

$$\begin{cases} x_1 - 2x_2 + x_3 + x_4 = 11 \\ -4x_1 + x_2 + 2x_3 - x_5 + x_6 = 3 \\ -2x_1 + x_3 + x_7 = 1 \\ x_j \geq 0, j = 1, 2, \cdots, 7 \end{cases}$$

用单纯形法求解,得到第一阶段问题的计算表 1 – 10。

表 1 – 10

	C_j	0	0	0	0	1	1	b	θ
C_B	X_B	x_1	x_2	x_3	x_4	x_5	x_6	x_7	
0	x_4	1	-2	1	1	0	0	0	11	11
1	x_6	-4	1	2	0	-1	1	0	3	3/2
1	x_7	-2	0	[1]	0	0	0	1	1→	1
	λ_j	6	-1	-3↑	0	1	0	0		

续表 1 – 10

								b	θ
0	x_4	3	– 2	0	1	0	0	10	—
1	x_6	0	[1]	0	0	– 1	1	1→	1
0	x_3	– 2	0	1	0	0	0	1	—
λ_j		0	– 1 ↑	0	0	1	0		
0	x_4	3	0	0	1	– 2		12	
0	x_2	0	1	0	0	– 1		1	
0	x_3	– 2	0	1	0	0		1	
λ_j		0	0	0	0	0			

最优解为 $X = (0,1,1,12,0)^{\mathrm{T}}$，最优值 $w = 0$。第一阶段最后一张最优表说明找到了原问题的一组基本可行解，将它作为初始基本可行解，进行第二阶段的计算，见表 1 – 11。

表 1 – 11

C_j		– 3	1	1	0	0	b	θ
C_B	X_B	x_1	x_2	x_3	x_4	x_5		
0	x_4	[3]	0	0	1	– 2	12→	4
1	x_2	0	1	0	0	– 1	1	—
1	x_3	– 2	0	1	0	0	1	—
λ_j		– 1 ↑	0	0	0	1		
– 3	x_1	1	0	0	1/3	– 2/3	4	
1	x_2	0	1	0	0	– 1	1	
1	x_3	0	0	1	2/3	– 4/3	9	
λ_j		0	0	0	1/3	1/3		

最优解为 $X = (4,1,9,0,0)^{\mathrm{T}}$，最优值 $Z = -2$。

在第二阶段计算时，初始表中的检验数不能引用第一阶段最优表的检验数，必须换成原问题的检验数，可用公式计算。此外，即使第一阶段最优值 $w = 0$，也只能说明原问题有可行解，第二阶段问题不一定有最优解，即原问题可能有无界解。

从例 1.14 和例 1.16 可以看出，大 M 单纯形法和两阶段单纯形法每一步迭代的方法类似，最后结果相同。

【**例 1. 17**】　用两阶段法求解例 1. 15 的线性规划。

解　第一阶段为

$$\min w = x_5$$

$$\begin{cases} 3x_1 + x_2 + x_3 = 6 \\ x_1 - 2x_2 - x_4 + x_5 = 4 \\ x_j \geqslant 0, j = 1, 2, \cdots, 5 \end{cases}$$

用单纯形法计算如表 1 - 12 所示。

表 1 - 12

C_j		0	0	0	0	1	b
C_B	X_B	x_1	x_2	x_3	x_4	x_5	
0	x_3	[3]	1	1	0	0	6→
1	x_5	1	-2	0	-1	1	4
	λ_j	-1↑	2	0	1	0	
0	x_1	1	1/3	1/3	0	0	2
1	x_5	0	-7/3	-1/3	-1	1	2
	λ_j	0	7/3	1/3	1	0	

最优解为 $X = (2, 0, 0, 0, 2)^T$，最优值 $w = 2 \neq 0$，x_5 在基变量中，则原问题无可行解。

综上，当出现以下两种情况，原问题无可行解：

(1) 大 M 法求解时，最优解中含有不为零的人工变量；

(2) 两阶段法计算时，第一阶段的最优值 $w \neq 0$。

1. 3. 6　退化与循环

单纯形法计算中用最小比值规则确定出基变量时，有时存在两个或两个以上相同的最小比值，使得基本可行解中存在基变量等于零，称为退化基本可行解。这时将该等于零的基变量换出，迭代后目标函数值不变。

【**例 1. 18**】　求解线性规划

$$\min Z = x_1 + 2x_2 + x_3$$

$$\begin{cases} x_1 - 2x_2 + 4x_3 = 4 \\ 4x_1 - 9x_2 + 14x_3 = 16 \\ x_j \geqslant 0, j = 1, 2, 3 \end{cases}$$

解 用大 M 单纯形法,加入人工变量 x_4, x_5 得到数学模型

$$\min Z = x_1 + 2x_2 + x_3 + Mx_4 + Mx_5$$

$$\begin{cases} x_1 - 2x_2 + 4x_3 + x_4 = 4 \\ 4x_1 - 9x_2 + 14x_3 + x_5 = 16 \\ x_j \geqslant 0, j = 1, 2, \cdots, 5 \end{cases}$$

用单纯形法求解见表 $1-13$。

表 1-13

	C_j		1	2	1	M	M		
	C_B	X_B	x_1	x_2	x_3	x_4	x_5	b	θ
(1)	M	x_4	1	-2	[4]	1	0	$4\rightarrow$	1
	M	x_5	4	-9	14	0	1	16	8/7
	λ_j		$1-5M$	$2+11M$	$1-18M\uparrow$	0	0		
(2)	1	x_3	[1/4]	$-1/2$	1	1/4	0	$1\rightarrow$	4
	M	x_5	1/2	-2	0	$-7/2$	1	2	4
	λ_j		$3/4-1/2M\uparrow$	$5/2+2M$	0	$-1/4+9/2M$	0		
(3)	1	x_1	1	-2	4	1	0	4	
	M	x_5	0	$[-1]$	-2	-4	1	$0\rightarrow$	
	λ_j		0	$4+M\uparrow$	$-3+2M$	$-1+5M$	0		
(4)	1	x_1	1	0	8	9	-2	4	
	2	x_2	0	1	[2]	4	-1	$0\rightarrow$	
	λ_j		0	0	$-11\uparrow$	$M-17$	$M-4$		
(5)	1	x_1	1	-4	0	1	2	4	
	1	x_3	0	1/2	1	2	$-1/2$	0	
	λ_j		0	15/2	0	$M-17$	$M-3/2$		

由表 $1-13(3)$ 和 (5) 得到退化基本最优解为 $X = (4,0,0)^T$,最优值 $Z = 4$。

观察该表可知,表 $1-13(2)$ 中的最小比值相同,导致出现退化。若选择表 $1-13(2)$ 中的 x_5 出基,则可直接得到表 $1-13(5)$。虽然表 $1-13(3)$ 和 (5) 的最优解从数值上看相同,但它们是两个不同的基本可行解,对应于同一

个极点。

有人构造了一个特例,当出现退化解时,进行多次迭代后又回到初始表,继续迭代出现了无穷的循环,即永远得不到最优解。单纯形法迭代对于大多数退化解是有效的,实际中几乎不会出现循环现象,如有相同的比值,则任意选择出基变量,不必考虑出现循环的结果。

1.4 单纯形法的计算公式

设线性规划

$$\max Z = CX$$
$$\begin{cases} AX = b \\ X \geqslant 0 \end{cases}$$

其中 $A_{m \times n}$ 且 $r(A) = m$。

假设 $A = (P_1, P_2, \cdots, P_n)$ 中前 m 个列向量构成一个可行基,记为 $B = (P_1, P_2, \cdots, P_m)$,后 $n - m$ 列构成的矩阵记为 $N = (P_{m+1}, P_{m+2}, \cdots, P_n)$,则 A 可以写成分块矩阵 $A = (B, N)$。

对于基 B,基变量 $X_B = (x_1, x_2, \cdots, x_m)^T$,非基变量 $X_N = (x_{m+1}, x_{m+2}, \cdots, x_n)^T$。则 X 可写为 $X = \begin{bmatrix} X_B \\ X_N \end{bmatrix}$。同理,$C$ 可写为 $C = (C_B, C_N)$,$C_B = (c_1, c_2, \cdots, c_m)$,$C_N = (c_{m+1}, c_{m+2}, \cdots, c_n)$。因此 $AX = b$ 可写成:

$$AX = (B, N) \begin{bmatrix} X_B \\ X_N \end{bmatrix} = BX_B + NX_N = b$$

又因 $r(B) = m$,即 $|B| \neq 0$,所以存在 B^{-1},则有:

$$BX_B = b - NX_N$$
$$X_B = B^{-1}(b - NX_N)$$
$$= B^{-1}b - B^{-1}NX_N$$

令非基变量 $X_N = 0$,则 $X_B = B^{-1}b$。

因此可得到原问题的基本可行解为:

$$X = (B^{-1}b, 0)^T$$

此外,$Z = CX$ 可写成:

$$Z = (C_B, C_N) \begin{bmatrix} X_B \\ X_N \end{bmatrix}$$
$$= C_B X_B + C_N X_N$$

$$= C_B(B^{-1}b - B^{-1}NX_N) + C_NX_N$$

$$= C_BB^{-1}b + (C_N - C_BB^{-1}N)X_N$$

令非基变量 $X_N = 0$，Z 的值为：

$$Z_0 = C_BB^{-1}b$$

非基变量的检验数 λ_N 为：

$$\lambda_N = C_N - C_BB^{-1}N = C_N - Z_N$$

C_BB^{-1} 称为单纯形乘子，记为：

$$\pi = C_BB^{-1}$$

因而当已知线性规划的可行基 B 时，求得 B^{-1}，根据上述矩阵运算公式就可求得单纯形法所要求的结果。

上述公式可用简单的矩阵表格运算得到，如表 1-14 所示。

表 1-14

	X_B	X_N	b
X_B	B	N	b
	C_B	C_N	0

表 1-15

	X_B	X_N	b
X_B	E	$B^{-1}N$	$B^{-1}b$
	C_B	C_N	0

用 B^{-1} 左乘表 1-14 的第二行，将基矩阵 B 化为 E（m 阶单位矩阵），便可得到基本可行解，见表 1-15。由表 1-14 和 1-15 的第二行可知 $B^{-1}N$ 是 N 通过初等行变换后的结果，记为 $\overline{N} = B^{-1}N$。

将目标函数中基变量的系数 C_B 化为零，将表 1-15 的第二行左乘 $-C_B$ 后加到第三行，就可求得检验数和目标值，见表 1-16。

表 1-16

	X_B	X_N	b
X_B	E	$B^{-1}N$	$B^{-1}b$
λ	0	$C_N - C_BB^{-1}N$	$-C_BB^{-1}b$

将上述常用公式总结如下：

$$
\begin{cases}
X_B = B^{-1}b \\
Z_0 = C_B B^{-1}b \\
\lambda_N = C_N - C_B B^{-1}N \\
\pi = C_B B^{-1} \\
\overline{N} = B^{-1}N
\end{cases}
$$

λ_N 是 $n-m$ 个非基变量的检验数，应用 $\lambda = C - CB^{-1}A$ 表示全部变量的检验数。同理，λ_N 中第 j 个分量的检验数为：

$$
\begin{aligned}
\lambda_j &= c_j - C_B B^{-1}P_j \\
&= c_j - C_B \overline{N}_j \\
&= c_j - \sum_{i=1}^{m} c_i \overline{a}_{ij} \\
&= c_j - z_j
\end{aligned}
$$

上面是假设可行基在前 m 列，在实际应用中可行基 B 由 A 中任意 m 列组成时上述所有公式仍然有效。值得注意的是在 $z_j = \sum\limits_{i=1}^{m} c_i a_{ij}$ 中 c_i 不一定按 c_1，c_m 的顺序，下标的顺序要与基变量的下标一致。

【例 1.19】　用公式计算下列线性规划的有关结果。

$$
\max Z = x_1 + 2x_2 + x_3
$$

$$
\begin{cases}
2x_1 - 3x_2 + 2x_3 \leqslant 15 \\
\dfrac{1}{3}x_1 + x_2 + 5x_3 \leqslant 20 \\
x_j \geqslant 0, j = 1,2,3
\end{cases}
$$

已知可行基 $B_1 = \begin{bmatrix} 2 & -3 \\ \dfrac{1}{3} & 1 \end{bmatrix}$。

（1）求基本可行解和目标值。

（2）求单纯形乘子 π。

（3）B_1 是否是最优基，为什么？

解　标准型为：

$$
\max Z = x_1 + 2x_2 + x_3
$$

$$
\begin{cases}
2x_1 - 3x_2 + 2x_3 + x_4 = 15 \\
\dfrac{1}{3}x_1 + x_2 + 5x_3 + x_5 = 20 \\
x_j \geqslant 0, j = 1,2,\cdots,5
\end{cases}
$$

B_1 由 A 中第一列、第二列组成，x_1, x_2 为基变量，x_3, x_4, x_5 为非基变量。故

有 $C_B = (c_1, c_2) = (1, 2)$，$C_N = (c_3, c_4, c_5) = (1, 0, 0)$，$B_1^{-1} = \begin{bmatrix} \dfrac{1}{3} & 1 \\ -\dfrac{1}{9} & \dfrac{2}{3} \end{bmatrix}$。

（1）基变量的解为：

$$X_B = \begin{bmatrix} x_1 \\ x_2 \end{bmatrix} = B^{-1}b = \begin{bmatrix} \dfrac{1}{3} & 1 \\ -\dfrac{1}{9} & \dfrac{2}{3} \end{bmatrix} \begin{bmatrix} 15 \\ 20 \end{bmatrix} = \begin{bmatrix} 25 \\ \dfrac{35}{3} \end{bmatrix}$$

基本可行解为 $X = \left(25, \dfrac{35}{3}, 0, 0, 0\right)^T$，$Z_0 = C_B B^{-1}b = C_B X_B = (1, 2)\begin{bmatrix} 25 \\ \dfrac{35}{3} \end{bmatrix} = \dfrac{145}{3}$

$$(2)\ \pi = C_B B^{-1} = (1, 2)\begin{bmatrix} \dfrac{1}{3} & 1 \\ -\dfrac{1}{9} & \dfrac{2}{3} \end{bmatrix} = \left(\dfrac{1}{9}, \dfrac{7}{3}\right)$$

（3）判断 B_1 是否是最优基，就要求出所有的检验数是否满足 $\lambda_j \leqslant 0 (j = 1, 2, \cdots, 5)$。由于 x_1, x_2 是基变量，故 $\lambda_1 = 0$，$\lambda_2 = 0$。由 λ_N 计算公式得：

$$\begin{aligned} (\lambda_3, \lambda_4, \lambda_5) &= (c_3, c_4, c_5) - C_B B^{-1}(P_3, P_4, P_5) \\ &= (1, 0, 0) - \left(\dfrac{1}{9}, \dfrac{7}{3}\right)\begin{bmatrix} 2 & 1 & 0 \\ 5 & 0 & 1 \end{bmatrix} \\ &= \left(-\dfrac{98}{9}, -\dfrac{1}{9}, -\dfrac{7}{3}\right) \end{aligned}$$

由于 $\lambda_j \leqslant 0 (j = 1, 2, \cdots, 5)$，故 B_1 是最优基。

习 题

1.1 某公司计划制造甲、乙两种家电产品。已知各制造一件时分别占用设备 A，B 的台时、设备 A，B 每天的工作能力以及各售出一件产品时的获利情况，如表 1-17 所示。问该公司每天应制造两种家电各多少件，使获取的利润最大？

表 1 –17

项目	甲	乙	每天工作能力
设备 A/h	0	5	15
设备 B/h	6	2	24
测试工序/h	1	1	5
利润/元	2	1	

1.2　某投资人在今后 3 年内有 A,B,C,D 4 个投资项目。项目 A 在 3 年内每年初投资,年底可获利润 20%,并可将本金收回;项目 B 在第 1 年年初投资,第 2 年年底可获利润 60%,并将本金收回,但该项目投资不得超过 5 万元;项目 C 在第 2 年年初投资,第 3 年年底收回本金,并获利润 40%,但该项目投资不得超过 3 万元;项目 D 在第 3 年年初投资,于该年底收回本金,且获利润 30%,但该项目投资不得超过 2 万元。该投资人准备拿出 6 万元资金,问如何制订投资计划,使该企业在第 3 年年底投资的本利之和最大?

1.3　某百货商场售货员的需求经过统计分析如表 1 – 18 所示,为了保证售货员充分休息,售货员每周工作 5 天,休息 2 天,并要求休息的 2 天是连续的。问应该如何安排售货员的作息时间,既满足工作需要,又使配备的售货员人数最少?

表 1 –18

时间	所需售货员人数
星期日	28
星期一	15
星期二	24
星期三	25
星期四	19
星期五	31
星期六	28

1.4　某钢架需要用甲、乙、丙三种规格的轴各一根,每根长分别为 2.9 m、2.1 m 和 1.5 m。现要做 100 套这样的钢架,已知原料长 7.4 m,问如何下料能使所用原材料最省?

1.5　用图解法求解下列线性规划并指出解的形式。

(1) $\max Z = 2x_1 + 3x_2$　　　　(2) $\max Z = x_1 + 2x_2$

$$\begin{cases} x_1 + x_2 \leqslant 6 \\ x_1 + 2x_2 \leqslant 8 \\ 4x_1 \leqslant 16 \\ 4x_2 \leqslant 12 \\ x_1, x_2 \geqslant 0 \end{cases} \qquad \begin{cases} x_1 + 2x_2 \leqslant 6 \\ 3x_1 + 2x_2 \leqslant 12 \\ x_2 \leqslant 2 \\ x_1, x_2 \geqslant 0 \end{cases}$$

(3) $\min Z = x_1 + x_2$ (4) $\min Z = 3x_1 - 2x_2$

$$\begin{cases} x_1 + 2x_2 \geqslant 2 \\ x_1 - x_2 \geqslant -1 \\ x_1, x_2 \geqslant 0 \end{cases} \qquad \begin{cases} x_1 + x_2 \leqslant 1 \\ 2x_1 + 3x_2 \geqslant 6 \\ x_1, x_2 \geqslant 0 \end{cases}$$

(5) $\max Z = 4x_1 + 3x_2$ (6) $\max Z = 4x_1 + 8x_2$

$$\begin{cases} 2x_1 + x_2 \geqslant 10 \\ -3x_1 + 2x_2 \leqslant 6 \\ x_1 + x_2 \geqslant 6 \\ x_1, x_2 \geqslant 0 \end{cases} \qquad \begin{cases} 2x_1 + 2x_2 \leqslant 10 \\ -x_1 + x_2 \geqslant 8 \\ x_1, x_2 \geqslant 0 \end{cases}$$

1.6 将下列线性规划化为标准形式。

(1) $\min Z = -x_1 + 2x_2 - 3x_3$ (2) $\min Z = 9x_1 - 3x_2 + 5x_3$

$$\begin{cases} x_1 + x_2 + x_3 \leqslant 7 \\ x_1 - x_2 + x_3 \geqslant 2 \\ -3x_1 + x_2 + 2x_3 = -5 \\ x_1, x_2 \geqslant 0, x_3 \text{ 无符号要求} \end{cases} \qquad \begin{cases} |6x_1 + 7x_2 - 4x_3| \leqslant 20 \\ x_1 \geqslant 5 \\ x_1 + 8x_2 = -8 \\ x_1, x_2, x_3 \geqslant 0 \end{cases}$$

1.7 已知线性规划

$$\max Z = 2x_1 + x_2$$

$$\begin{cases} 3x_1 + 5x_2 + x_3 = 15 \\ 6x_1 + 2x_2 + x_4 = 24 \\ x_j \geqslant 0, j = 1, 2, 3, 4 \end{cases}$$

取 $B_1 = (P_2, P_3) = \begin{bmatrix} 5 & 1 \\ 2 & 0 \end{bmatrix}, B_2 = (P_2, P_4) = \begin{bmatrix} 5 & 0 \\ 2 & 1 \end{bmatrix}$, 分别指出 B_1 和 B_2 对应的基变量和非基变量, 求出基本解, 并说明 B_1, B_2 是否是可行基。

1.8 分别用图解法和单纯形法求解下列线性规划, 并指出单纯形法每一步迭代得到的基本可行解对应于图形上的哪一个极点。

(1) $\max Z = 2x_1 + x_2$ (2) $\min Z = -x_1 - 3x_2$

$$\begin{cases} 3x_1 + 5x_2 \leqslant 15 \\ 6x_1 + 2x_2 \leqslant 24 \\ x_1, x_2 \geqslant 0 \end{cases} \qquad \begin{cases} 2x_1 - x_2 \geqslant -2 \\ 2x_1 + 3x_2 \leqslant 12 \\ x_1, x_2 \geqslant 0 \end{cases}$$

1.9 用单纯形法求解下列线性规划

(1) $\max Z = 2x_1 - x_2 + x_3$ (2) $\max Z = 2x_1 + 3x_2 + 5x_3$

$$\begin{cases} 3x_1 + x_2 + x_3 \leqslant 60 \\ x_1 - x_2 + 2x_3 \leqslant 10 \\ x_1 + x_2 - x_3 \leqslant 20 \\ x_j \geqslant 0, j = 1,2,3 \end{cases} \qquad \begin{cases} 2x_1 + 2x_2 + 3x_3 \leqslant 12 \\ x_1 + 2x_2 + 2x_3 \leqslant 8 \\ 4x_1 + 6x_3 \leqslant 16 \\ 4x_2 + 3x_3 \leqslant 12 \\ x_j \geqslant 0, j = 1,2,3 \end{cases}$$

(3) $\min Z = -2x_1 - x_2 - 4x_3 + x_4$ (4) $\max Z = 6x_1 + 2x_2 + 10x_3 + 8x_4$

$$\begin{cases} x_1 + 2x_2 + x_3 - 3x_4 \leqslant 8 \\ -x_2 + x_3 + 2x_4 \leqslant 10 \\ 2x_1 + 7x_2 - 5x_3 - 10x_4 \leqslant 20 \\ x_j \geqslant 0, j = 1,2,3,4 \end{cases} \qquad \begin{cases} 5x_1 + 6x_2 - 4x_3 - 4x_4 \leqslant 20 \\ 3x_1 - 3x_2 + 2x_3 + 8x_4 \leqslant 25 \\ 4x_1 - 2x_2 + x_3 + 3x_4 \leqslant 10 \\ x_j \geqslant 0, j = 1,2,3,4 \end{cases}$$

1.10 用大 M 法和两阶段法求解下列线性规划

(1) $\max Z = 2x_1 + 3x_2 - 5x_3$ (2) $\min Z = 5x_1 - 6x_2 - 7x_3$

$$\begin{cases} x_1 + x_2 + x_3 = 7 \\ 2x_1 - 5x_2 + x_3 \geqslant 10 \\ x_1, x_2, x_3 \geqslant 0 \end{cases} \qquad \begin{cases} x_1 + 5x_2 - 3x_3 \geqslant 15 \\ 5x_1 - 6x_2 + 10x_3 \leqslant 20 \\ x_1 + x_2 + x_3 = 5 \\ x_1, x_2, x_3 \geqslant 0 \end{cases}$$

(3) $\min Z = 4x_1 + x_2$ (4) $\max Z = 2x_1 - x_2 + 2x_3$

$$\begin{cases} x_1 + x_2 = 3 \\ 4x_1 + 3x_2 - x_3 = 6 \\ x_1 + 2x_2 + x_4 = 4 \\ x_j \geqslant 0, j = 1,2,3,4 \end{cases} \qquad \begin{cases} x_1 + x_2 + x_3 \geqslant 6 \\ -2x_1 + x_3 \geqslant 2 \\ 2x_2 - x_3 \geqslant 0 \\ x_1, x_2, x_3 \geqslant 0 \end{cases}$$

1.11 某一求目标函数极大值的线性规划问题的单纯形表如 1 - 19 所示,其中常数 a_1, a_2, a_3, d 和 λ_1, λ_2 未知,且不含人工变量,问应如何限制这些参数,使得下列结论成立:

(1)表中解是唯一最优解;

(2)表中解是最优解,但存在无穷多最优解;

(3)该线性规划问题具有无界解;

（4）表中解非最优，为对解改进，需使 x_1 进基，x_6 出基。

表 1 – 19

	x_1	x_2	x_3	x_4	x_5	x_6	b
x_3	4	a_1	1	0	a_2	0	d
x_4	-1	-3	0	1	-1	0	2
x_6	a_3	-5	0	0	-4	1	3
λ_j	λ_1	λ_2	0	0	-3	0	

1.12 已知线性规划

$$\max Z = c_1 x_1 + c_2 x_2 + c_3 x_3$$
$$\begin{cases} a_{11}x_1 + a_{12}x_2 + a_{13}x_3 \leqslant b_1 \\ a_{21}x_1 + a_{22}x_2 + a_{23}x_3 \leqslant b_2 \\ x_j \geqslant 0, j = 1,2,3 \end{cases}$$

的最优单纯形表如表 1 – 20 所示，求原线性规划的矩阵 C, A, b，最优基 B 及 B^{-1}。

表 1 – 20

C_j		c_1	c_2	c_3	c_4	c_5	
C_B	X_B	x_1	x_2	x_3	x_4	x_5	b
c_1	x_1	1	0	4	1/6	1/15	6
c_2	x_2	0	1	-3	0	1/5	2
λ_j		0	0	-1	-2	-3	

1.13 已知线性规划

$$\min Z = 2x_1 - 2x_2 - x_4$$
$$\begin{cases} x_1 + x_2 + x_3 = 5 \\ -x_1 + x_2 + x_4 = 6 \\ 6x_1 + 2x_2 + x_5 = 21 \\ x_j \geqslant 0, j = 1,2,\cdots,5 \end{cases}$$

的最优基 $B = \begin{bmatrix} 1 & 0 & 0 \\ 1 & 1 & 0 \\ 2 & 0 & 1 \end{bmatrix}$，试用矩阵公式求：

（1）最优解及最优值；

（2）$\lambda_2, \lambda_4, \lambda_5$；

（3）单纯形乘子。

2 线性规划的对偶理论和灵敏度分析

2.1 对偶问题的数学模型

2.1.1 对偶问题的提出

在第一章例 1.1 中讨论了工厂生产计划模型及其解法,现在从另一个角度来考虑企业决策问题。假设该工厂决定自己不生产甲、乙这两种产品,而将其现有的资源出租或外售,这时工厂的决策者就要考虑给资源如何定价的问题。价格太高对方不接受,价格太低该厂的单位利润又太少。因此合理的价格应该同时满足以下两个条件:(1)对方用最少的资金购买该工厂的全部资源;(2)该工厂所获得的利润不应低于自己用于生产时所获得的利润。

设 y_1, y_2, y_3 分别表示出租单位设备台时的租金和两种资源的单位增值价格(售价 = 成本 + 增值),则可用:

$$\min w = 150y_1 + 300y_2 + 320y_3$$

满足条件(1)。

为了满足条件(2),对产品甲有:

$$4y_1 + 7y_2 + 5y_3 \geqslant 50$$

对产品乙有:

$$3y_1 + 5y_2 + 6y_3 \geqslant 40$$

出租价格和增值价格不可能小于零,即有 $y_i \geqslant 0 (i = 1,2,3)$,从而该工厂的资源价格模型为:

$$\min w = 150y_1 + 300y_2 + 320y_3$$

$$\begin{cases} 4y_1 + 7y_2 + 5y_3 \geqslant 50 \\ 3y_1 + 5y_2 + 6y_3 \geqslant 40 \\ y_j \geqslant 0, i = 1,2,3 \end{cases}$$

称这个线性规划问题为例 1.1 线性规划问题的对偶线性规划问题或对偶问题。例 1.1 的线性规划问题称为原始线性规划问题或原问题。

从上述模型可以看出,原问题的参数矩阵 C、A 和 b 分别转置后就是对偶问题的资源限量、工艺系数及价值系数。

2.1.2 数学模型

2.1.2.1 线性规划的规范形式

求解原线性规划问题的对偶问题时,需将原线性规划问题化为规范形式。规范形式又称对称形式,线性规划的规范形式为:

(1)目标函数求极大值时,所有约束条件为≤号,变量非负;

(2)目标函数求极小值时,所有约束条件为≥号,变量非负。

数学模型可表示为:

$$\max Z = CX$$
$$\begin{cases} AX \leqslant b \\ X \geqslant 0 \end{cases} \tag{2-1}$$
$$\min Z = CX$$
$$\begin{cases} AX \geqslant b \\ X \geqslant 0 \end{cases} \tag{2-2}$$

2.1.2.2 对称型对偶问题

设线性规划模型是式(2-1)的规范形式,当检验数

$$C - C_B B^{-1} A \leqslant 0$$
$$- C_B B^{-1} \leqslant 0$$

时得到最优解。

令 $Y = C_B B^{-1}$,可得:

$$Y \geqslant 0$$

由 $C - C_B B^{-1} A \leqslant 0$ 得:

$$YA \geqslant C$$

在 $Y = C_B B^{-1}$ 两边右乘 b 得:

$$Yb = C_B B^{-1} b = z$$

因为 Y 的上界为无限大,所以 $Yb = C_B B^{-1} b = z$ 只存在最小值,得到另一个线性规划问题为:

$$\min w = Yb$$
$$\begin{cases} YA \geqslant C \\ Y \geqslant 0 \end{cases} \tag{2-3}$$

称其为原线性规划问题(2-1)的对偶线性规划问题。

原问题和对偶问题是互为对偶的两个线性规划问题,规范形式的线性规划的对偶问题仍然是规范形式。根据原规范形式的线性规划问题中的系数矩

阵 A,C,b 就可以求出它的对偶问题。

【例 2.1】写出下列线性规划的对偶问题。

$$\max Z = 2x_1 - 3x_2 + 4x_3$$

$$\begin{cases} -2x_1 - 3x_2 + 5x_3 \leqslant -2 \\ 3x_1 + x_2 + 7x_3 \leqslant 3 \\ x_1 - 4x_2 - 6x_3 \leqslant -5 \\ x_1,x_2,x_3 \geqslant 0 \end{cases}$$

解　这是一个规范形式的线性规划,设 $Y = (y_1,y_2,y_3)$,则有:

$$\min w = Yb = (y_1,y_2,y_3)\begin{bmatrix} -2 \\ 3 \\ -5 \end{bmatrix} = -2y_1 + 3y_2 - 5y_3$$

$$YA = (y_1,y_2,y_3)\begin{bmatrix} -2 & -3 & 5 \\ 3 & 1 & 7 \\ 1 & -4 & -6 \end{bmatrix}$$

$$= (-2y_1 + 3y_2 + y_3, -3y_1 + y_2 - 4y_3, 5y_1 + 7y_2 - 6y_3) \geqslant (2,-3,4)$$

从而对偶问题为:

$$\min w = -2y_1 + 3y_2 - 5y_3$$

$$\begin{cases} -2y_1 + 3y_2 + y_3 \geqslant 2 \\ -3y_1 + y_2 - 4y_3 \geqslant -3 \\ 5y_1 + 7y_2 - 6y_3 \geqslant 4 \\ y_1,y_2,y_3 \geqslant 0 \end{cases}$$

2.1.2.3　非对称型对偶问题

以上给出的问题是规范形式,若给出的线性规划不是规范形式,可以先化成规范形式再写对偶问题。以极大化的原问题为例,非规范形式可能出现以下三种情况:

(1)原问题第 i 个约束是"$\geqslant$"约束,即 $\sum\limits_{j=1}^{n} a_{ij}x_j \geqslant b_i$。

第一步:将该不等式两边同乘以(-1)得到:

$$-\sum_{j=1}^{n} a_{ij}x_j \leqslant -b_i$$

第二步:设该不等式对应的对偶变量为 $y_i(y_i \geqslant 0)$,则按对称形式变换关系可写出原问题的对偶问题为:

$$\min w = \sum_{i=1}^{m} b_i y_i$$

$$\begin{cases} \sum_{i=1}^{m} - a_{ij}y_i \geq c_j, j = 1, 2, \cdots, n \\ y_i \geq 0 \end{cases}$$

令 $y'_i = -y_i(y'_i \leq 0)$，将 y'_i 代入便可得到对偶问题：

$$\min w = \sum_{i=1}^{m} - b_i y'_i$$

$$\begin{cases} \sum_{i=1}^{m} a_{ij}y'_i \geq c_j, j = 1, 2, \cdots, n \\ y'_i \leq 0 \end{cases}$$

因此，当第 i 个约束为"$\geq$"约束时，对应的第 i 个对偶变量 $y'_i \leq 0$。

(2)原问题第 i 个约束中含有等式约束条件，即 $\sum_{j=1}^{n} a_{ij}x_j = b_i$。

第一步：将该等式写成两个"$\leq$"不等式为：

$$\sum_{j=1}^{n} a_{ij}x_j \leq b_i, -\sum_{j=1}^{n} a_{ij}x_j \leq - b_i$$

第二步：设不等式对应的对偶变量分别为 y'_i 和 $y''_i(y'_i, y''_i \geq 0)$，则按对称形式变换关系可写出原问题的对偶问题为：

$$\min w = \sum_{i=1}^{m} b_i y'_i + \sum_{i=1}^{m} - b_i y''_i$$

$$\begin{cases} \sum_{i=1}^{m} a_{ij}y'_i + \sum_{i=1}^{m} (- a_{ij}y''_i) \geq c_j, j = 1, 2, \cdots, m \\ y'_i, y''_i \geq 0 \end{cases}$$

将上述线性规划问题整理后得到：

$$\min w = \sum_{i=1}^{m} b_i (y'_i - y''_i)$$

$$\begin{cases} \sum_{i=1}^{m} a_{ij}(y'_i - y''_i) \geq c_j, j = 1, 2, \cdots, n \\ y'_i, y''_i \geq 0 \end{cases}$$

令 $y_i = y'_i - y''_i$，由此可见 y_i 无符号限制，将 y_i 代入便可得到对偶问题：

$$\min w = \sum_{i=1}^{m} b_i y_i$$

$$\begin{cases} \sum_{i=1}^{m} a_{ij}y_i \geq c_j, j = 1, 2, \cdots, n \\ y_i \text{ 无约束} \end{cases}$$

因此，当第 i 个约束为"$=$"约束时，对应的第 i 个对偶变量 y_i 无符号约束。

（3）原问题中 $x_j \leqslant 0$ 及 x_j 无约束的情况。

当 $x_j \leqslant 0$ 时，设对偶问题的变量为 $y_i(y_i \geqslant 0)$，令 $x_j = -x'_j, x'_j \geqslant 0$，则对偶问题的第 j 个约束条件为：

$$\sum_{i=1}^{m} - a_{ij}y_i \geqslant -c_j$$

将该不等式两边同乘以（ -1 ）得：

$$\sum_{i=1}^{m} a_{ij}y_i \leqslant c_j$$

因此，当第 j 个变量 $x_j \leqslant 0$ 时，对应的第 j 个对偶约束为" $\leqslant$ "号。

当 x_j 无约束时，设对偶问题的变量为 $y_i(y_i \geqslant 0)$，令 $x_j = x'_j - x''_j(x'_j, x''_j \geqslant 0)$，则 x'_j 和 x''_j 对应的对偶约束为：

$$\sum_{i=1}^{m} a_{ij}y_i \geqslant c_j$$

$$\sum_{i=1}^{m} a_{ij}y_i \leqslant c_j$$

$$即：\sum_{i=1}^{m} a_{ij}y_i = c_j$$

因此，当第 j 个变量 x_j 无约束时，对应的第 j 个对偶约束为" $=$ "号。

同理，原问题求最小值时，原问题和对偶问题的对应关系如下：

（1）第 i 个约束为" $\leqslant$ "约束时，对应的第 i 个对偶变量 $y_i \leqslant 0$；

（2）第 i 个约束为" $=$ "约束时，对应的第 i 个对偶变量 y_i 无符号约束；

（3）当 $x_j \leqslant 0$ 时，对应的第 j 个对偶约束为" $\geqslant$ "约束；当 x_j 无约束时，对应的第 j 个对偶约束为" $=$ "约束。

综上所述，将原问题与对偶问题的对应关系列于表 2-1。

表 2-1

原问题（或对偶问题）			对偶问题（或原问题）
目标函数 max			目标函数 min
约束	m 个约束	变量	m 个变量
	第 i 个约束为 $\leqslant$		第 i 个变量 $\geqslant 0$
	第 i 个约束为 $\geqslant$		第 i 个变量 $\leqslant 0$
	第 i 个约束为 $=$		第 i 个变量无约束

续表 2 –1

变量	n 个变量	约束	n 个约束
	第 j 个变量≥0		第 j 个约束为≥
	第 j 个变量≤0		第 j 个约束为≤
	第 j 个变量无约束		第 j 个约束为 =
目标函数系数(资源限量)		资源限量(目标函数系数)	
约束条件系数矩阵 $A(A^T)$		约束条件系数矩阵 $A^T(A)$	

因此,写线性规划的对偶问题时的要点归纳如下:

(1)两个问题,一个求极大化,一个求极小化;

(2)两个问题的约束数和变量数互换;

(3)两个问题的价值系数和资源限量互换;

(4)两个问题的约束系数矩阵有互为转置的关系;

(5)一个问题等式约束与另一个问题变量无约束相互对应;

(6)一个问题约束(变量)的不等式符号与它的规范形式符号相反时,另一个问题变量(约束)的不等式符号与它的规范形式符号相反;

(7)规范形式的线性规划的对偶仍然是规范形式。

【例 2.2】　写出下列线性规划的对偶问题。

$$\max Z = 2x_1 + 3x_2 + 5x_3 + x_4$$

$$\begin{cases} 4x_1 + x_2 - 3x_3 + 2x_4 \geqslant 5 \\ 3x_1 - 2x_2 + 7x_4 \leqslant 4 \\ -2x_1 + 3x_2 + 4x_3 + x_4 = 6 \\ x_1 \leqslant 0, x_2, x_3 \geqslant 0, x_4 \text{ 无约束} \end{cases}$$

解　原问题目标函数求极大值,且有 3 个约束 4 个变量,则对偶问题应求极小值,且有 3 个变量 4 个约束,则对偶问题为:

$$\min w = 5y_1 + 4y_2 + 6y_3$$

$$\begin{cases} 4y_1 + 3y_2 - 2y_3 \leqslant 2 \\ y_1 - 2y_2 + 3y_3 \geqslant 3 \\ -3y_1 + 4y_3 \geqslant -5 \\ 2y_1 + 7y_2 + y_3 = 1 \\ y_1 \leqslant 0, y_2 \geqslant 0, y_3 \text{ 无约束} \end{cases}$$

2.2 对偶性质

为了讨论方便,设原问题与对偶问题都是规范形式,分别记为(LP)和(DP):

$$\max Z = CX \qquad\qquad \min w = Yb$$

$$(\text{LP}): \begin{cases} AX \leqslant b \\ X \geqslant 0 \end{cases} \qquad (\text{DP}): \begin{cases} YA \geqslant C \\ Y \geqslant 0 \end{cases}$$

【**性质 2.1**】 对称性 对偶问题的对偶是原问题。

证 设原问题是:

$$\max Z = CX; AX \leqslant b; X \geqslant 0$$

根据表 2 - 1 可写出它的对偶问题为:

$$\min w = Yb; YA \geqslant C; Y \geqslant 0$$

该问题等价于:

$$\max(-w) = -Yb; -YA \leqslant -C; Y \geqslant 0$$

根据表 2 - 1 写出它的对偶问题为:

$$\min w' = -CX; -AX \geqslant -b; X \geqslant 0$$

又该问题等价于:

$$\max Z = CX; AX \leqslant b; X \geqslant 0$$

即对偶问题的对偶是原问题。

【**性质 2.2**】 弱对偶性 若X^*, Y^*分别为(LP)和(DP)的可行解,则存在:

$$CX^* \leqslant Y^* b$$

证 因为X^*是(LP)的可行解,故有:

$$AX^* \leqslant b$$

将该不等式两边左乘Y^*可得:

$$Y^* AX^* \leqslant Y^* b$$

又因Y^*是(DP)的可行解,则有:

$$Y^* A \geqslant C$$

将该不等式两边右乘X^*可得:

$$Y^* AX^* \geqslant CX^*$$

于是得到:

$$CX^* \leqslant Y^* AX^* \leqslant Y^* b$$

由该性质可得到下面几个结论:

(1)(LP)的任一可行解的目标值是(DP)的目标值的下限,(DP)的任一可行解的目标值是(LP)目标值的上限;

(2)如果一个问题有无界解,则其对偶问题无可行解;

(3)如果原问题有可行解且其对偶问题无可行解,则原问题具有无界解。

注意:当一个问题无可行解时,其对偶问题可能有无界解,也可能无可行解。

【例2.3】 已知原问题和其对偶问题分别为:

$$\max Z = x_1 + 2x_2 \qquad\qquad \min w = 2y_1 + y_2$$

$$(\text{LP})\begin{cases} -x_1 + x_2 + x_3 \leqslant 2 \\ -2x_1 + x_2 - x_3 \leqslant 1 \\ x_1, x_2, x_3 \geqslant 0 \end{cases} \qquad (\text{DP})\begin{cases} -y_1 - 2y_2 \geqslant 1 \\ y_1 + y_2 \geqslant 2 \\ y_1 - y_2 \geqslant 0 \\ y_1, y_2 \geqslant 0 \end{cases}$$

试用对偶理论证明原问题无界。

解 因为 $y_1, y_2 \geqslant 0$,则(DP)中的第一个约束条件不能成立,因此对偶问题无可行解。

通过观察可知 $X^* = (0,0,0)$ 是(LP)的一个可行解,即原问题可行,则由结论(3)可知原问题无界。

【性质2.3】 最优性 设 X^*, Y^* 分别为(LP)和(DP)的可行解,则 X^*, Y^* 是最优解,当且仅当 $CX^* = Y^* b$。

证 设 B 是(LP)的最优基,若 X^*, Y^* 是最优解,则有:

$$Y^* = C_B B^{-1} \text{ 且 } CX^* = C_B B^{-1} b = Y^* b$$

若 $CX^* = Y^* b$,根据性质2.1,对任意可行解 $\overline{X}, \overline{Y}$ 都有:

$$C\overline{X} \leqslant Y^* b = CX^* \leqslant \overline{Y} b$$

即 CX^* 是(LP)中任一可行解的目标值的上限,$Y^* b$ 是(DP)中任一可行解的目标值的下限,所以 X^*, Y^* 是最优解。

【性质2.4】 对偶定理 若(LP)有最优解,则(DP)也有最优解(反之亦然),且其最优值相等。

证 设 B 是(LP)的最优基,X^* 是其最优解,则有:

$$C - C_B B^{-1} A \leqslant 0, \quad -C_B B^{-1} \leqslant 0$$

令 $Y^* = C_B B^{-1}$,则有 $Y^* A \geqslant C$ 且 $Y^* \geqslant 0$,即 Y^* 是(DP)的可行解。所以对目标函数有:

$$CX^* = C_B X_B = C_B B^{-1} b = Y^* b$$

由性质2.3可知 Y^* 是(DP)的最优解。

由这个性质可得到结论:若(LP)和(DP)都有可行解,则两者都有最优解,若一个问题无最优解,则另一个问题也无最优解。

【性质 2.5】 互补松弛性 设 X^*, Y^* 分别为(LP)和(DP)的可行解,X_S 和 Y_S 是它的松弛变量的可行解,则 X^*, Y^* 是最优解当且仅当 $Y_S X^* = 0$ 和 $Y^* X_S = 0$。

证 若 X^*, Y^* 分别为(LP)和(DP)的最优解,X_S 和 Y_S 是松弛变量,则有:

$$AX^* + X_S = b$$
$$Y^* A - Y_S = C$$

将第一式左乘 Y^*,第二式右乘 X^* 得:

$$Y^* AX^* + Y^* X_S = Y^* b$$
$$Y^* AX^* - Y_S X^* = CX^*$$

由性质 2.3 知,$CX^* = Y^* b$,得:

$$Y^* X_S = - Y_S X^*$$

由于 X^*, Y^*, X_S, $Y_S \geq 0$,所以有:

$$Y_S X^* = 0 \text{ 和 } Y^* X_S = 0$$

反之,当 $Y_S X^* = 0$ 和 $Y^* X_S = 0$ 时有:

$$CX^* = Y^* AX = Y^* b$$

由性质 2.3 知 X^*, Y^* 是(LP)和(DP)的最优解。

通过该性质可知,当已知 Y^* 可求 X^* 或已知 X^* 可求 Y^*。

$Y_S X^* = 0$ 和 $Y^* X_S = 0$ 两式称为互补松弛条件,可将其改写成:

$$\sum_{i=1}^{m} y_i^* x_{si} = 0 \text{ 和 } \sum_{j=1}^{n} y_{sj} x_j^* = 0$$

由于变量非负,要使上述等式成立,必定每一个分量都为零,则有:

(1)当 $y_i^* > 0$ 时,$x_{si} = 0$;当 $x_{si} > 0$ 时 $y_i^* = 0$

(2)当 $y_{sj} > 0$ 时,$x_j^* = 0$;当 $x_j^* > 0$ 时 $y_{sj} = 0$

利用上述关系,可建立对偶问题(或原问题)的约束线性方程组,方程组的解即为最优解。

对于非规范形式,性质 2.5 仍然有效。

【例 2.4】 已知线性规划

$$\max Z = x_1 + 4x_2 + 3x_3$$

$$\begin{cases} 2x_1 + 3x_2 - 5x_3 \leqslant 2 \\ 3x_1 - x_2 + 6x_3 \geqslant 1 \\ x_1 + x_2 + x_3 = 4 \\ x_1 \geqslant 0, x_2 \leqslant 0, x_3 \text{ 无约束} \end{cases}$$

的最优解为 $X = (0,0,4)^T$，试求对偶问题的最优解。

解 对偶问题为：

$$\min w = 2y_1 + y_2 + 4y_3$$

$$\begin{cases} 2y_1 + 3y_2 + y_3 \geqslant 1 \\ 3y_1 - y_2 + y_3 \leqslant 4 \\ -5y_1 + 6y_2 + y_3 = 3 \\ y_1 \geqslant 0, y_2 \leqslant 0, y_3 \text{ 无约束} \end{cases}$$

将 $X = (0,0,4)^T$ 代入原问题的约束中可知 $x_{s1} \neq 0, x_{s2} \neq 0$。由互补松弛条件可得 $y_1 = y_2 = 0$，将其代入对偶问题的约束中可得 $y_3 = 3$。因此对偶问题的最优解 $Y = (0,0,3)^T$。

【性质 2.6】 （LP）的检验数的相反数对应于（DP）的一组基本解，第 j 个决策变量 x_j 的检验数的相反数对应于（DP）中第 j 个松弛变量 y_{sj} 的解，第 i 个松弛变量 x_{si} 的检验数的相反数对应于第 i 个对偶变量 y_i 的解。反之（DP）的检验数（不乘负号）对应于（LP）的一组基本解。

证 将原问题（LP）加入松弛变量 X_s 化为标准型。假设可行基 B 是矩阵 A 中的前 m 列，将变量和参数矩阵按基变量和非基变量对应分块，则有：

$$\max Z = C_B X_B + C_N X_N$$

$$\begin{cases} B X_B + N X_N + E X_S = b \\ X_B, X_N, X_S \geqslant 0 \end{cases}$$

其对偶问题（DP）为：

$$\min w = Yb$$

$$\begin{cases} YB - Y_{S1} = C_B \\ YN - Y_{S2} = C_N \\ Y, Y_{S1}, Y_{S2} \geqslant 0 \end{cases}$$

上述（LP）模型可用下面较简单的表 2 - 2 表达。用 B^{-1} 左乘表 2 - 2 第二行得到表 2 - 3 第二行，再用 $(-C_B)$ 左乘表 2 - 3 第二行加上表 2 - 2 第三行得到表 2 - 3 第三行，即可求出该模型的基本可行解、检验数、目标函数值和单纯形乘子。

表 2 – 2

	X_B	X_N	X_S	b
X_B	B	N	E	b
C	C_B	C_N	0	0

表 2 – 3

	X_B	X_N	X_S	b
X_B	E	$B^{-1}N$	B^{-1}	$B^{-1}b$
λ_N	0	$C_N - C_B B^{-1}N$	$-C_B B^{-1}$	$-C_B B^{-1}b$

　　表 2 – 3 即为迭代后的单纯形表,由该表可知,对于任意可行基 B,初始表中单位阵的位置经过迭代运算后,就是 B^{-1} 的位置。

　　观察表 2 – 3,当求得(LP)的一个可行解时,相应的检验数为 0、$C_N - C_B B^{-1}N$ 和 $-C_B B^{-1}$,将 $Y = C_B B^{-1}$ 代入对偶问题(DP)的约束条件中可得到:

$$Y_{S1} = 0$$
$$-Y_{S2} = C_N - C_B B^{-1}N$$

反之也用该方法证明。

　　性质 2.6 只适用于线性规划为规范形式的情况,性质 2.1 至 2.5 适用于所有线性规划问题。

　　【例 2.5】　线性规划

$$\max Z = 6x_1 - 2x_2 + x_3$$
$$\begin{cases} 2x_1 - x_2 + 2x_3 \leqslant 2 \\ x_1 + 4x_3 \leqslant 4 \\ x_1, x_2, x_3 \geqslant 0 \end{cases}$$

（1）求该问题的最优解。

（2）从最优表中写出对偶问题的最优解。

（3）用公式 $Y = C_B B^{-1}$ 求对偶问题的最优解。

　　解　（1）加入松弛变量 x_4, x_5 后,用单纯形法求解见表 2 – 4,最优解 $X = (4, 6, 0)^{\mathrm{T}}$。

表 2 - 4

	C_B	X_B	6	-2	1	0	0	b
	C_j		x_1	x_2	x_3	x_4	x_5	
(1)	0	x_4	[2]	-1	2	1	0	2
	0	x_5	1	0	4	0	1	4
	λ_j		6	-2	1	0	0	
(2)	6	x_1	1	-1/2	1	1/2	0	1
	0	x_5	0	[1/2]	3	-1/2	1	3
	λ_j		0	1	-5	-3	0	
(3)	6	x_1	1	0	4	0	1	4
	-2	x_2	0	1	6	-1	2	6
	λ_j		0	0	-11	-2	-2	

(2)设对偶变量为 y_1,y_2,松弛变量为 y_3,y_4,y_5,则 $Y=(y_1,y_2,y_3,y_4,y_5)$。由性质 2.6 可知对偶问题的基本解 $(y_1,y_2,y_3,y_4,y_5)=(-\lambda_4,-\lambda_5,-\lambda_1,-\lambda_2,-\lambda_3)$。因为表 2-4(3)为最优解,所以 $Y^{(3)}=(2,2,0,0,11)$ 为对偶问题的最优解。

(3)最优基为 $B=\begin{bmatrix} 2 & -1 \\ 1 & 0 \end{bmatrix}$,$B^{-1}$ 为表 2-4(3)中 x_4,x_5 两列的系数,即

$B^{-1}=\begin{bmatrix} 0 & 1 \\ -1 & 2 \end{bmatrix}$,并且 $C_B=(6,-2)$,所以对偶问题的最优解为:

$$Y=(y_1,y_2)=C_B B^{-1}=(6,-2)\begin{bmatrix} 0 & 1 \\ -1 & 2 \end{bmatrix}=(2,2)$$

2.3 影子价格

因为原问题和对偶问题的最优值相等,即 $Z=C_B X_B=C_B B^{-1}b=Yb=\sum_{i=1}^{m}b_i y_i$,由此可得:

$$\frac{\partial Z}{\partial b_i}=y_i,i=1,2,\cdots,m$$

即 y_i 是第 i 种资源的变化率。

y_i 的意义是在其他条件不变的情况下,单位资源变化所引起的目标函数

最优值的变化。它的值代表对第 i 种资源的估价,称之为"影子价格"。

影子价格是企业生产过程中资源的一种隐含的潜在价值,表明单位资源的贡献,与市场价格是两个不同的概念,但两者之间也存在一定的联系,即当第 i 种资源的影子价格大于零(或高于市场价格)时,表示增加第 i 种资源有利可图,企业应该购进该资源,当影子价格等于零(或低于市场价格)时,说明增加该资源不能增加收益,这时企业应该有偿转让这种资源,否则企业无利可图甚至亏损。

影子价格是一个变量。由 $y_i = \dfrac{\partial Z}{\partial b_i}$ 的含义知:影子价格是一种边际产出,与 b_i 的基数有关,在最优基 B 不变的条件下 y_i 不变,当某种资源增加或减少后,最优基 B 可能会发生变化,这时 y_i 的值也随之发生变化。

2.4 对偶单纯形法

由性质 2.6 和例 2.5 可知,单纯形表迭代过程中,在 b 列得到的是原问题的基可行解,在检验数行得到的是对偶问题的基本解,因此(LP)和(DP)在求解迭代过程中有下列三种情况:

(1)(LP)的资源限量 $b_i \geqslant 0$ 且全部检验数 $\lambda_j = C_j - C_B B^{-1} P_j \leqslant 0$,则有(DP)的检验数 $\lambda_i \geqslant 0$ 且 $y_i \geqslant 0$。这时(LP)与(DP)均达到最优解。

(2)(LP)的资源限量 $b_i \geqslant 0$,某个检验数 $\lambda_j > 0$,则有(DP)的某个变量 $y_j < 0$。这时(LP)可行,(DP)不可行。

(3)(LP)中某个资源限量 $b_i < 0$,全部检验数 $\lambda_j \leqslant 0$,则有(DP)的检验数 $\lambda_j < 0$ 且全部 $y_j \geqslant 0$。这时(LP)不可行,(DP)可行。

若线性规划出现第(2)种情况,可用第一章介绍的单纯形法求解原问题。若线性规划出现第(3)种情况,可保持对偶问题可行,即 $\lambda_j \leqslant 0$,然后通过逐步迭代使原问题由不可行达到可行,这样就由情况(3)变为情况(1),也即得到了最优解。这种方法就是对偶单纯形法。

对偶单纯形法是求解原线性规划的一种方法,而不是专门求解对偶问题的方法。它是根据对偶原理和单纯形法的原理而设计的,因而称为对偶单纯形法。

对偶单纯形法的条件是:

(1)初始表中对偶问题可行,即极大化问题时 $\lambda_j \leqslant 0$,极小化问题时 $\lambda_j \geqslant 0$。

(2)原问题不可行,即某个资源限量 $b_i < 0$。

由对偶单纯形法的条件可知,并不是所有的线性规划都适合用这种方法求解。从运算次数和速度看,该方法最适合于下列线性规划:

$$\min Z = \sum_{j=1}^{n} c_j x_j$$

$$\begin{cases} \sum_{j=1}^{n} a_{ij} x_j \geq b_i, i = 1,2,\cdots,m \\ x_j \geq 0, j = 1,2,\cdots,n \\ c_j \geq 0 \end{cases}$$

对偶单纯形法的计算步骤:

(1)将线性规划的约束化为等式,列出初始单纯形表。由于对偶问题可行,即 $\lambda_j \leq 0$,当 $b_i \geq 0$ 时,已得到最优解;若某个 $b_i < 0$,则进行迭代换基计算。

(2)确定出基变量。

按 $b_l = \min\{b_i | b_i < 0\}$ 确定出基变量,即 l 行对应的变量 x_l 出基。

若不遵循 $b_l = \min\{b_i | b_i < 0\}$ 规则,任选一个小于零的 b 对应的变量出基,不影响计算结果,只是迭代次数可能不一样。

(3)确定进基变量。

若 x_l 所在行的系数 a_{lj} 都非负,即全部 $a_{lj} \geq 0$,说明原问题无可行解。若存在 $a_{lj} < 0$,则按:

$$\theta_k = \min\left\{ \left| \frac{\lambda_j}{a_{lj}} \right| \middle| a_{lj} < 0 \right\}$$

确定进基变量,选最小比值 θ_k 列对应的变量 x_k 进基。

式中 λ_j 为非基变量的检验数,a_{lj} 为出基变量 x_l 所在行的系数。

普通单纯形法的最小比值是 $\min\left\{ \frac{b_i}{a_{ik}} \middle| a_{ik} > 0 \right\}$,其目的是保证下一个原问题的基本解可行;对偶单纯形法的最小比值是 $\min\left\{ \left| \frac{\lambda_j}{a_{lj}} \right| \middle| a_{lj} < 0 \right\}$,其目的是保证下一个对偶问题的基本解可行。

(4)求新的基本解。以 a_{lk} 为主元素,按普通单纯形法在表中进行迭代运算,得到新的基本解,转到第(1)步重复运算。

【例2.6】 求解线性规划

$$\min Z = 9x_1 + 12x_2 + 15x_3$$

$$\begin{cases} 2x_1 + 2x_2 + x_3 \geq 10 \\ 2x_1 + 3x_2 + x_3 \geq 12 \\ x_1 + x_2 + 5x_3 \geq 14 \\ x_1, x_2, x_3 \geq 0 \end{cases}$$

解 将约束不等式化为等式,两边同乘以(-1)得到:

$$\min Z = 9x_1 + 12x_2 + 15x_3$$

$$\begin{cases} -2x_1 - 2x_2 - x_3 + x_4 = -10 \\ -2x_1 - 3x_2 - x_3 + x_5 = -12 \\ -x_1 - x_2 - 5x_3 + x_6 = -14 \\ x_j \geqslant 0, j = 1, 2, \cdots, 6 \end{cases}$$

用单纯形法求解该问题时,由表 2 - 5(1) 中 $\lambda_j \geqslant 0$ 可以看出该问题的对偶问题是可行的,由于 $b_i < 0$,所以原问题不可行。因此要用对偶单纯形法求解该问题,见表 2 - 5。

表 2 - 5

	C_j		9	12	15	0	0	0	b
	C_B	X_B	x_1	x_2	x_3	x_4	x_5	x_6	
(1)	0	x_4	-2	-2	-1	1	0	0	-10
	0	x_5	-2	-3	-1	0	1	0	-12
	0	x_6	-1	-1	[-5]	0	0	1	-14→
		λ_j	9	12	15↑	0	0	0	
(2)	0	x_4	-9/5	-9/5	0	1	0	-1/5	-36/5
	0	x_5	-9/5	[-14/5]	0	0	1	-1/5	-46/5→
	15	x_3	1/5	1/5	1	0	0	-1/5	14/5
		λ_j	6	9↑	0	0	0	3	
(3)	0	x_4	[-9/14]	0	0	1	-9/14	-1/14	-7/9→
	12	x_2	9/14	1	0	0	-5/14	1/14	23/7
	15	x_3	1/14	0	1	0	1/14	-3/14	15/7
		λ_j	3/14↑	0	0	0	45/14	33/14	
(4)	9	x_1	1	0	0	-14/9	1	1/9	2
	12	x_2	0	1	0	1	-1	0	2
	15	x_3	0	0	1	1/9	0	-2/9	2
		λ_j	0	0	0	1/3	3	7/3	

【例 2.7】 用单纯形法求解线性规划

$$\max Z = -2x_1 - x_2$$

$$
\begin{cases}
-x_1 - 2x_2 + x_3 = -8 \\
1.5x_1 + x_2 + x_4 = 3 \\
x_j \geq 0, j = 1,2,\cdots,4
\end{cases}
$$

表 2 - 6

	C_B	X_B	x_1	x_2	x_3	x_4	b
(1)	0	x_3	-1	[-2]	1	0	-8
	0	x_4	1.5	1	0	1	3
	λ_j		-2	-1	0	0	
(2)	-1	x_2	1/2	1	-1/2	0	4
	0	x_4	1	0	1/2	1	-1
	λ_j		-3/2	0	-1/2	0	

表 2 - 6(2)中 $x_4 = -1$,但第二行的系数全部大于等于零,原问题无可行解。

2.5 灵敏度分析

2.5.1 问题的提出

前面我们讨论了线性规划问题:

$$
\max Z = CX
$$
$$
\begin{cases}
AX = b \\
X \geq 0
\end{cases}
\tag{2-4}
$$

的求解方法,都是在假定 A、b、C 是已知的条件下,求线性规划问题的最优解。可是,在应用线性规划的方法解决实际问题时,根据实际问题建立起来的数学模型,A、b、C 中的某些系数常不可能是非常准确或者一成不变的。有些系数是用统计、预测或凭经验估计而得到的;有些系数原来可能是准确的,但是由于某种原因,随着时间的推移而发生变化,如市场上原料或产品价格的变化,工艺的改进,企业人力和物力的变化,设备的更新等。因此,在实际应用中,仅仅求出线性规划问题的最优解,有时就不能完全满足实际要求,还需要进一步解决以下几个问题:

（1）当一个或者几个系数发生变化时，原来求得的最优解有什么样的变化？

（2）当系数在什么样的范围内变化时，原来求得的最优解或最优基不变？

（3）当系数的变化已经引起最优解变化时，如何用最简单的方法求得新的最优解？

实际上假定已经求得问题（2-4）的最优解，最优基为 B，可以来分析一下最终单纯形表上的系数和原始数据之间的关系：

（1）基本可行解 $X = \begin{bmatrix} B^{-1}b \\ 0 \end{bmatrix}$ 与 C 无关。

（2）检验数向量 $\lambda_N = C_N - C_B B^{-1} N$ 与 b 无关。

（3）最终表中的系数列向量是矩阵 $B^{-1}A$ 的列向量，与 b 和 C 均无关。

（4）X 对应的目标函数值 $Z = C_B B^{-1} b$ 与 b,C,A 均无关。

由此可知，当某些系数发生变化时，并不一定要重新计算整个过程，而可以从原最终单纯形表出发，做适当的修改和运算以后，求得新的最优解。

接下来将分别讨论以下 3 种情况：

（1）C 中系数的变化。

（2）b 中的系数变化。

（3）A 中系数的变化。

下面结合一个具体的例子来说明如何进行灵敏度分析。

【例 2.8】 某厂计划生产 A，B，C 三种产品，这三种产品的单位产品的利润，生产单位产品所需要的甲、乙两种资源的量以及甲、乙两种资源的限量如表 2-7 所示。

表 2-7

	产品 A	产品 B	产品 C	资源限量（单位）
甲	1/3	1/3	1/3	1
乙	1/3	4/3	7/3	3
单位产品的利润/千元	2	3	1	

试确定总利润最大的生产计划。

解 设计划生产 A，B，C 三种产品的数量分别为 x_1,x_2,x_3 个单位，总利润为 Z，则可得到该问题的线性规划数学模型如下：

$$\max Z = 2x_1 + 3x_2 + x_3$$

$$\begin{cases} \dfrac{1}{3}x_1 + \dfrac{1}{3}x_2 + \dfrac{1}{3}x_3 \le 1 \\ \dfrac{1}{3}x_1 + \dfrac{4}{3}x_2 + \dfrac{7}{3}x_3 \le 3 \\ x_1, x_2, x_3 \ge 0 \end{cases}$$

引入松弛变量 x_4 和 x_5，用单纯形法求解，得单纯形表如表 2-8 所示。

表 2-8

C_j		2	3	1	0	0	b
C_B	X_B	x_1	x_2	x_3	x_4	x_5	
0	x_4	1/3	1/3	1/3	1	0	1
0	x_5	1/3	[4/3]	7/3	0	1	3
λ_j		2	3	1	0	0	0
0	x_4	[1/4]	0	-1/4	1	-1/4	1/4
3	x_2	1/4	1	7/4	0	3/4	9/4
λ_j		5/4	0	-17/4	0	-9/4	27/4
2	x_1	1	0	-1	4	-1	1
3	x_2	0	1	2	-1	1	2
λ_j		0	0	-3	-5	-1	8

最后，得最优解 $X^* = (1,2,0,0)^T$，最优值为 8。也就是说，使总利润最大的生产计划是生产 A 产品 1 个单位，生产 B 产品 2 个单位，不生产产品 C，资源甲和乙恰好用完，总利润为 8 000 元。

下面将进一步讨论当客观情况发生变化，而引起上述线性规划问题中的某些系数发生变化时，应如何作出相应的决策。

2.5.2 目标函数中系数的灵敏度分析

目标函数中变量系数的改变，反映在上述例题中，也就是单位产品利润的改变。设目标函数中某一个变量 x_k 的系数，由原来的 c_k 变为 $c'_k = c_k + \Delta c_k$（Δc_k 可以是正的，也可以是负的），其余的系数保持不变。现在分析由这一变化产生的影响。

由于 c_k 对应的变量 x_k 在最优解中可能是基变量或非基变量，因此分两种情况来讨论。

（1）x_k 为非基变量

这时 c_k 的变化,只影响变量 x_k 的检验数,而不影响其他变量的检验数。x_k 的检验数由原来的:

$$\lambda_k = c_k - C_B B^{-1} P_K$$

变为:

$$\lambda'_k = c'_k - C_B B^{-1} P_K = c_k + \Delta c_k - C_B B^{-1} P_K = \lambda_k + \Delta c_k$$

故只要:

$$\lambda'_k = \lambda_k + \Delta c_k \leqslant 0 \qquad\qquad (2-5)$$

或:

$$\Delta c_k \leqslant -\lambda_k \qquad\qquad (2-6)$$

原最优解:

$$X^* = \begin{bmatrix} B^{-1}b \\ 0 \end{bmatrix}$$

和最优值:

$$Z = C_B B^{-1} b$$

保持不变。

【例 2.9】　在例 2.8 中的最优解是生产 A 产品 1 个单位,B 产品 2 个单位,产品 C 不生产。该厂决策者希望知道当单位产品 C 的利润增加多少时将会生产产品 C。

解　由式(2-6)知,当单位产品 C 的利润的增量:

$$\Delta c_3 \leqslant -\lambda_3 = -(-3) = 3$$

时,最优解保持不变。即当单位产品 C 的利润从 1 000 元增加到 4 000 元以上时,原来的最优解就要发生变化。

现假设单位产品 C 的利润 $c'_3 = 5$,这时由式(2-5)知:

$$\lambda'_3 = \lambda_3 + \Delta c_3 = -3 + 4 = 1 > 0$$

最优解就要发生变化。

为了求得新的最优解,只要将原来最终表中的 $C_3 = 1$ 改为 $c'_3 = 5$,相应的 $\lambda_3 = -3$ 改为 $\lambda'_3 = 1$,继续进行迭代,即可求得新的最优解,见表 2-9。

表 2-9

C_j		2	3	5	0	0	b
C_B	X_B	x_1	x_2	x_3	x_4	x_5	
2	x_1	1	0	-1	4	-1	1
3	x_2	0	1	[2]	-1	1	2
λ_j		0	0	1	-5	-1	8

续表 2 – 9

2	x_1	1	1/2	0	7/2	–1/2	2
5	x_3	0	1/2	1	–1/2	1/2	1
λ_j		0	–1/2	0	–9/2	–3/2	9

这时,应生产 A 产品 2 个单位,生产 C 产品 1 个单位,B 产品不生产。最大总利润为 9 000 元。

(2) x_k 为基变量

这时,c_k 的变化将会引起 C_B 的变化,当 c_k 变为 c'_k 时,C_B 变为 C'_B,从而引起所有非基变量的检验数的变化。即:

$$\lambda_N = C_N - C_B B^{-1} N$$

变为:

$$\lambda'_N = C_N - C'_B B^{-1} N$$

如果:

$$\lambda'_N = C_N - C'_B B^{-1} N \leqslant 0 \qquad\qquad (2-7)$$

则最优解保持不变。否则,将原最终表中的 c_k 改为 c'_k,λ_N 改为 λ'_N,然后继续用单纯形法进行迭代,求得新的最优解。

【例 2.10】 在例 2.8 中,若单位产品 A 的利润发生变化,即 c_1 发生变化。试问,c_1 在什么范围内发生变化时,原来的最优解保持不变。

解 设 c_1 变为 c'_1。则 $C_B = (2,3)$ 变为 $C'_B = (C'_1,3)$,λ_N 变为:

$$\lambda'_N = C_N - C'_B B^{-1} N = (1,0,0) - (c'_1,3)\begin{bmatrix} 4 & -1 \\ -1 & 1 \end{bmatrix}\begin{bmatrix} 1/3 & 1 & 0 \\ 7/3 & 0 & 1 \end{bmatrix}$$

$$= (1,0,0) - (4C'_1 - 3, -c'_1 + 3)\begin{bmatrix} 1/3 & 1 & 0 \\ 7/3 & 0 & 1 \end{bmatrix}$$

$$= (1,0,0) - (-c'_1 + 6, 4c'_1 - 3, -c'_1 + 3)$$

$$= (c'_1 - 5, -4c'_1 + 3, c'_1 - 3)$$

由式(2 – 7)知,若要使原来的最优解保持不变,只要 $\lambda'_N \leqslant 0$,即要求:

$$\begin{cases} c'_1 - 5 \leqslant 0 \\ -4c'_1 + 3 \leqslant 0 \\ c'_1 - 3 \leqslant 0 \end{cases}$$

解以上不等式组,得:

$$\frac{3}{4} \leqslant c'_1 \leqslant 3$$

如果 c'_1 在上述范围内变化,原来的最优解不会改变,否则,如果 c'_1 的变化超出了这个范围,最优解就要发生变化。

例如,当 $c'_1 = 4$ 时,最优解就会改变。为了求得新的最优解,只要在例 2.8 的最终表的基础上,将原来的 $c_1 = 2$ 改为 $c'_1 = 4$,并修改相应的检验数,然后用单纯形法继续迭代,得表 2 – 10。

表 2 – 10

C_j		4	3	1	0	0	b
C_B	X_B	x_1	x_2	x_3	x_4	x_5	
4	x_1	1	0	– 1	4	– 1	1
3	x_2	0	1	2	– 1	[1]	2
λ_j		0	0	– 1	– 13	1	10
4	x_1	1	1	1	3	0	3
0	x_5	0	1	2	– 1	1	2
λ_j		0	– 1	– 3	– 12	0	12

得最优解 $x_1 = 3, x_2 = 0, x_3 = 0, x_4 = 0, x_5 = 2$。对应的目标函数值为 $Z = 12$。即生产 A 产品 3 个单位,B 产品和 C 产品均不生产,资源乙还余 2 个单位。最大利润为 12 000 元。

2.5.3　常数项的灵敏度分析

约束方程右端常数项的改变,反映在例 2.8 中,就是资源限量的改变。设 b 变为 $b' = b + \Delta b$,其他系数不变。由于 b 的改变不会影响检验数向量:

$$\lambda_N = C_N - C_B B^{-1} N$$

但是会影响最优解中基变量的取值,从而可能会影响原最优解的可行性。因此,下面分两种情况来讨论。

（1）若 $B^{-1}b' \geq 0$,则 b 的改变不影响原最优解的可行性,因而 B 仍为最优基,新的最优解为:

$$X^* = \begin{bmatrix} B^{-1}b' \\ 0 \end{bmatrix} \qquad (2 - 8)$$

相应的最优值为:

$$z = C_B B^{-1} b' \qquad (2 - 9)$$

$$\Delta z = C_B B^{-1} b' - C_B B^{-1} b = C_B B^{-1}(b' - b)$$

$$= C_B B^{-1} \Delta b \qquad (2 - 10)$$

【例 2.11】 在例 2.8 中,如果资源甲的限量由原来的 1 变为 2,试问:

①资源甲的限量改变以后,最优基是否改变,最优解是否改变。

②资源甲的限量在什么范围内变化,可以保持原来的最优基不变。

解 ①

$$b = \begin{bmatrix} 1 \\ 3 \end{bmatrix} \qquad b' = \begin{bmatrix} 2 \\ 3 \end{bmatrix}$$

$$B^{-1}b' = \begin{bmatrix} 4 & -1 \\ -1 & 1 \end{bmatrix} \begin{bmatrix} 2 \\ 3 \end{bmatrix} = \begin{bmatrix} 5 \\ 1 \end{bmatrix}$$

由于 b 的变化不影响检验数,且 $B^{-1}b' \geqslant 0$,因此最优基不变,仍为:

$$B = \begin{bmatrix} 1/3 & 1/3 \\ 1/3 & 4/3 \end{bmatrix}$$

而最优解为:

$$X^* = \begin{bmatrix} B^{-1}b' \\ 0 \end{bmatrix} = (5,1,0,0,0)^T$$

最优值为:

$$z = C_B B^{-1} b' = 13$$

即产品 A 生产 5 个单位,产品 B 生产 1 个单位,产品 C 不生产,资源甲和乙恰好用完。相应的利润为 13(千元)。

②设:

$$b' = \begin{bmatrix} b_1 \\ 3 \end{bmatrix}$$

要使最优基不变,只要:

$$B^{-1}b' \geqslant 0$$

即:

$$\begin{bmatrix} 4 & -1 \\ -1 & 1 \end{bmatrix} \begin{bmatrix} b_1 \\ 3 \end{bmatrix} = \begin{bmatrix} 4b_1 & -3 \\ -b_1 & +3 \end{bmatrix} \geqslant 0$$

或:

$$\begin{cases} 4b_1 - 3 \geqslant 0 \\ -b_1 + 3 \geqslant 0 \end{cases}$$

解上述不等式得:

$$\frac{3}{4} \leqslant b_1 \leqslant 3$$

即当资源甲的限量 b_1 在上述范围内变化时,原来的最优基不会改变。

(2)若 $B^{-1}b' \geqslant 0$ 不满足,则 b 的改变影响了原最优解的可行性。这时,可

用 $B^{-1}b'$ 替换原最终表的 b 列,再用对偶单纯形法继续求解。

【**例 2.12**】 在例 2.8 中,资源甲的限量由原来的 1 变为 5,试求新的最优解。

解 由于:

$$b' = \begin{bmatrix} 5 \\ 3 \end{bmatrix}$$

因此:

$$B^{-1}b' = \begin{bmatrix} 4 & -1 \\ -1 & 1 \end{bmatrix} \begin{bmatrix} 5 \\ 3 \end{bmatrix} = \begin{bmatrix} 17 \\ -2 \end{bmatrix}$$

由此可见,$B^{-1}b' \geqslant 0$ 不满足。为了求得新的最优解,只要将原来最终表的 b 列改为:

$$\begin{bmatrix} 17 \\ -2 \end{bmatrix}$$

并用对偶单纯形法继续迭代,即可得到新的最优解:

$$X^* = (1,0,0,2,0)^T$$

最优值:

$$Z = 18\ 000\ 元$$

具体计算过程,如表 2 – 11 所示。

表 2 – 11

C_B	C_j	2	3	1	0	0	b
	X_B	x_1	x_2	x_3	x_4	x_5	
2	x_1	1	0	-1	4	-1	17
3	x_2	0	1	2	[-1]	1	-2
	λ_j	0	0	-3	-5	-1	
2	x_1	1	4	7	0	3	9
0	x_4	0	-1	-2	1	-1	2
	λ_j	0	-5	-13	0	-6	

2.5.4 约束方程中系数的灵敏度分析

约束方程中系数 a_{ij} 的变化,反应在例 2.8 中,就是生产产品所消耗的资源限量的变化。设第 i 个约束方程中变量 x_j 的系数 a_{ij} 变为:

$$a'_{ij} = a_{ij} + \Delta a_{ij}$$

相应地,系数矩阵 A 中的第 j 列 P_j 变为 P'_j。

分两种情况来讨论。

(1) x_j 为非基变量

这时,a_{ij} 的变化只影响变量 x_j 的检验数以及最终表的 j 列。变量 x_j 的检验数变为:

$$\lambda'_j = c_j - C_B B^{-1} P'_j$$

①若 $\lambda'_j \leqslant 0$,则最优解不变;

②若 $\lambda'_j > 0$,则用 $B^{-1} P'_j$ 替换原最终表中的第 j 列 $B^{-1} P_j$,λ_j 改为 λ'_j,再用单纯形法继续迭代求解。

【例 2.13】 在例 2.8 中,由于技术革新,使单位产品 C 对资源乙的消耗量有所减少,试确定在保持最优解不变的条件下,该消耗量的允许变化范围。

解 单位产品 C 对资源乙的原消耗量为 $a_{23} = \dfrac{7}{3}$,假设改变后的消耗量为:

$$a'_{23} = a_{23} + \Delta a_{23} = \frac{7}{3} + \Delta a_{23}$$

由于在原最优解中,x_3 为非基变量,因此 a_{23} 的改变只影响 x_3 的检验数:

$$\lambda'_3 = c_3 - C_B B^{-1} P'_3 = 1 - (2,3)\begin{bmatrix} 4 & -1 \\ -1 & 1 \end{bmatrix}\begin{bmatrix} 1/3 \\ 7/3 + \Delta a_{23} \end{bmatrix}$$

$$= 1 - (5,1)\begin{bmatrix} 1/3 \\ 7/3 + \Delta a_{23} \end{bmatrix} = -3 - \Delta a_{23}$$

若要保持原最优解不变,则要求:

$$\lambda'_3 = -3 - \Delta a_{23} \leqslant 0$$

即:

$$\Delta a_{23} \geqslant -3$$

事实上,由于单位产品 C 对资源乙的消耗量只有 7/3,不可能减少 3 个单位。因此,我们可以肯定,任意减少单位产品 C 对资源乙的消耗量,不会影响原来的最优解。

(2) x_j 为基变量

这时,当 a_{ij} 变为 a'_{ij},P_j 变为 P'_j 时,就会影响最优基 B,从而可能影响所有非基变量的检验数,影响最优解中基变量的取值 $B^{-1}b$ 以及最终表的每一列。因此,情况比较复杂,应根据各种具体情况来处理,现举例说明之。

【例 2.14】 在例 2.8 中,设单位产品 B 对资源乙的消耗量 $a_{22} = 4/3$ 变为 $a'_{22} = 2$,试问,原最优解是否会改变。

解　当 $a_{22} = 4/3$ 变为 $a'_{22} = 2$ 时：

$$P_2 = \begin{bmatrix} 1/3 \\ 4/3 \end{bmatrix} 变为 P'_2 = \begin{bmatrix} 1/3 \\ 2 \end{bmatrix}$$

由于在原最优解中，x_2 为基变量，因此 a_{22} 的变化会影响整个最终单纯形表，情况很复杂，可以采用以下的方法来处理。

首先，将原最终表的第 2 列单位向量：

$$B^{-1}P_2 = \begin{bmatrix} 4 & -1 \\ -1 & 1 \end{bmatrix} \begin{bmatrix} 1/3 \\ 4/3 \end{bmatrix} = \begin{bmatrix} 0 \\ 1 \end{bmatrix}$$

改为：

$$B^{-1}P'_2 = \begin{bmatrix} 4 & -1 \\ -1 & 1 \end{bmatrix} \begin{bmatrix} 1/3 \\ 2 \end{bmatrix} = \begin{bmatrix} -2/3 \\ 5/3 \end{bmatrix}$$

得表 2 – 12。

表 2 – 12

	C_j	2	3	1	0	0	
C_B	X_B	x_1	x_2	x_3	x_4	x_5	b
2	x_1	1	-2/3	-1	4	-1	1
3	x_2	0	5/3	2	-1	1	2

上述表格中所代表的约束方程组已经不是规范型，不能成为单纯形表。需要利用初等行变换将表 2 – 12 中第 2 列：

$$B^{-1}P'_2 = \begin{bmatrix} -2/3 \\ 5/3 \end{bmatrix}$$

变为单位向量，上述表格就化为规范型，并求出新的检验数，得到表 2 – 13。

表 2 – 13

	C_j	2	3	1	0	0	
C_B	X_B	x_1	x_2	x_3	x_4	x_5	b
2	x_1	1	0	-1/5	18/5	-3/5	9/5
3	x_2	0	1	6/5	-3/5	3/5	6/5
	λ_j	0	0	-11/5	-27/5	-3/5	36/5

得新的最优解：

$$X^* = (9/5, 6/5, 0, 0, 0)^{\mathrm{T}}$$

最优值:

$$Z = 36/5$$

即生产 A 产品 9/5 个单位,B 产品 6/5 个单位,C 产品不生产,资源甲和乙恰好用完,最大利润为 7 200 元。

一般来说,初等行变换以后,可能出现以下四种情形:

①检验数满足最优解条件,且 b 列的元素均为非负,则已得到新的最优解。例 2.14 就属于这种情形。

②检验数满足最优解条件,但 b 列的元素中有负数,则用对偶单纯形法继续迭代。

③检验数不满足最优解条件,b 列的元素均为非负,则用单纯形法继续迭代。

④检验数不满足最优解条件,b 列的元素中有负数,则用人工变量法求解。

2.5.5 增加新变量或增加新约束的灵敏度分析

(1)增加新变量

增加一个新变量,反映在例 2.8 中就是增加一种新的产品。

设原有变量 $x_1, x_2, \cdots, x_n$ 现增加一个新变量 x_{n+1}。同其他变量一样,x_{n+1} 也满足非负条件,即 $x_{n+1} \geq 0$。变量 x_{n+1} 对应的系数列向量为 P_{n+1},目标函数中变量 x_{n+1} 的系数为 c_{n+1}。并假设原最优基为 B,最优解为:

$$X^* = \begin{bmatrix} B^{-1}b \\ 0 \end{bmatrix}$$

由于原来的所有系数都没有改变,所以增加一个新变量 x_{n+1} 以后,只要在原最优解 X^* 中增加一个取值为零的分量 x_{n+1},也就是把 x_{n+1} 作为非基变量来处理。这样得到的一个基本解 $\overline{X}^*$ 一定是可行解,但这是变量 x_{n+1} 的检验数:

$$\lambda_{n+1} = c_{n+1} - C_B B^{-1} P_{n+1}$$

不一定满足最优解的条件,因而 $\overline{X}^*$ 不一定是最优解。以下分两种情况来讨论:

①若变量 x_{n+1} 的检验数 λ_{n+1} 满足最优解的条件,则原最优基 B 不变,$\overline{X}^*$ 就是新的最优解。

②若变量 x_{n+1} 的检验数 λ_{n+1} 不满足最优解的条件,则 $\overline{X}^*$ 已经不是最优解了。这时只要把列向量 $B^{-1} P_{n+1}$ 加到原最终表中,并以 x_{n+1} 作为进基变量继续求解。

【例 2.15】 在例 2.8 中,除原有产品 A,B,C 外增加新产品 D。单位产品 D 需要消耗资源甲和乙的量分别为 1/2 和 1/2 个单位,单位产品 D 的利润为 4 000 元。应如何调整生产计划,使总的利润最大。

解 设单位产品 D 的产量为 x_6,相应地:

$$c_6 = 4$$

$$P_6 = \begin{bmatrix} 1/2 \\ 1/2 \end{bmatrix}$$

$$\lambda_6 = c_6 - C_B B^{-1} P_6 = 4 - (2,3)\begin{bmatrix} 4 & -1 \\ -1 & 1 \end{bmatrix}\begin{bmatrix} 1/2 \\ 1/2 \end{bmatrix} = 1 > 0$$

因为 x_6 的检验数 $\lambda_6 > 0$,所以原最优解不再是最优的了。这时,可用:

$$B^{-1} P_6 = \begin{bmatrix} 4 & -1 \\ -1 & 1 \end{bmatrix}\begin{bmatrix} 1/2 \\ 1/2 \end{bmatrix} = \begin{bmatrix} 3/2 \\ 0 \end{bmatrix}$$

加到原来的最终表中,并以 x_6 为进基变量继续迭代,见表 2 – 14。

表 2 – 14

C_j		2	3	1	0	0	4	b
C_B	X_B	x_1	x_2	x_3	x_4	x_5	x_6	
2	x_1	1	0	– 1	4	– 1	[3/2]	1
3	x_2	0	1	2	– 1	1	0	2
λ_j		0	0	– 3	– 5	– 1	1	8
4	x_6	2/3	0	– 2/3	8/3	– 2/3	1	2/3
3	x_2	0	1	2	– 1	1	0	2
λ_j		– 2/3	0	– 7/3	– 23/3	– 1/3	0	26/3

新的最优解:

$$x_1 = 0, x_2 = 2, x_3 = x_4 = x_5 = 0, x_6 = \frac{2}{3}$$

最优值:

$$Z = \frac{26}{3}$$

即生产 B 产品 2 个单位,D 产品 2/3 个单位,产品 A 和 C 均不生产。资源甲和乙恰好用完。最大总利润为 26/3(千元)。

(2) 增加新约束

增加一个新约束,反映在例 2.8 中,就是增加一种新资源。

一般情况下,增加一个新约束时,首先要考虑原最优解是否满足该新约束。如果满足,则原最优解显然不会改变;反之,原最优解不再是最优。这时为了求得新的最优解,可采取以下步骤:

①在原最终表上增加一行,该行对应增加的新约束。

②在原最终表上增加一个单位列向量,该列向量对应新约束的松弛变量或人工变量。

③在原最终表上增加一行以后,所有列向量的维数均增加 1。因此,原来的单位列向量可能不是单位向量了,需要通过初等行变换化为单位向量。

④求出检验数。

⑤通过以上步骤,可能出现本章 2.5.4 中所讲的四种情况,可按不同情况分别进行处理。

【例 2.16】 在例 2.8 中,增加资源丙,其总量为 3 个单位。单位产品 A, B,C 需要资源丙的量分别为 1,2,1 个单位。这时,应如何调整生产计划,使总利润达到最大。

解 增加新约束:

$$x_1 + 2x_2 + x_3 \leqslant 3$$

原最优解:

$$x_1 = 1, \quad x_2 = 2, \quad x_3 = 0$$

不满足以上新约束,因此需要重新再求最优解。

将新约束加到原来的最终表上,并取新约束的松弛变量为 x_6,得到表 2 - 15。

表 2 –15

C_j		2	3	1	0	0	0	b
C_B	X_B	x_1	x_2	x_3	x_4	x_5	x_6	
2	x_1	1	0	-1	4	-1	0	1
3	x_2	0	1	2	-1	1	0	2
0	x_6	1	2	1	0	0	1	3

然后,利用初等行变换,将第 1 列和第 2 列化为单位列向量,并求出新的检验数,如表 2 - 16 所示。

表 2 – 16

C_j		2	3	1	0	0	0	b
C_B	X_B	x_1	x_2	x_3	x_4	x_5	x_6	
2	x_1	1	0	– 1	4	– 1	0	1
3	x_2	0	1	2	– 1	1	0	2
0	x_6	0	0	– 2	– 2	[– 1]	1	– 2
λ_j		0	0	– 3	– 5	– 1	0	

由表 2 – 16 可知，所有检验数不大于零，满足最优解的条件，但是 b 列出现负数，因此需要用对偶单纯形法进行迭代，见表 2 – 17。

表 2 – 17

C_j		2	3	1	0	0	0	b
C_B	X_B	x_1	x_2	x_3	x_4	x_5	x_6	
2	x_1	1	0	1	6	0	– 1	3
3	x_2	0	1	0	– 3	0	1	0
0	x_6	0	0	2	2	1	– 1	2
λ_j		0	0	– 3	– 5	– 1	0	6

得新的最优解：

$$X^* = (3,0,0,0,2,0)^T$$

最优值：

$$Z = 6$$

即生产 A 产品 3 个单位，B 产品和 C 产品均不生产。资源乙还剩余 2 个单位，资源甲和丙恰好用完。

习　题

2.1　写出下列线性规划的对偶问题

（1）$\max Z = 3x_1 + 2x_2 + x_3$

$$\begin{cases} x_1 + x_2 + 2x_3 \leqslant 5 \\ 4x_1 + 2x_2 - x_3 \leqslant 7 \\ 3x_1 + 2x_2 + x_3 \leqslant 9 \\ x_1, x_2, x_3 \geqslant 0 \end{cases}$$

（2）$\max Z = 5x_1 + 6x_2$

$$\begin{cases} x_1 + 2x_2 = 5 \\ -x_1 - 5x_2 \geqslant 3 \\ 4x_1 + 7x_2 \leqslant 8 \\ x_1 \ 无约束，x_2, x_3 \geqslant 0 \end{cases}$$

（3）$\max Z = x_1 + 2x_2 + x_3$　　　（4）$\min Z = 15x_1 + 12x_2$

$$\begin{cases} x_1 + x_2 - x_3 \leqslant 2 \\ x_1 - x_2 + x_3 = 1 \\ 2x_1 + x_2 + x_3 \geqslant 2 \\ x_1 \geqslant 0, x_2 \leqslant 0, x_3 \text{ 无约束} \end{cases}$$
$$\begin{cases} x_1 + 2x_2 \geqslant 3 \\ 2x_1 - 4x_2 \leqslant 5 \\ x_1, x_2 \geqslant 0 \end{cases}$$

2.2　证明线性规划

$$\max Z = x_1 - x_2 + x_3$$

$$\begin{cases} x_1 - x_3 \geqslant 4 \\ x_1 - x_2 + 2x_3 \geqslant 3 \\ x_1, x_2, x_3 \geqslant 0 \end{cases}$$

可行但无最优解。

2.3　已知线性规划

$$\min Z = 2x_1 - x_2 + 2x_3$$

$$\begin{cases} -x_1 + x_2 + x_3 = 4 \\ -x_1 + x_2 - x_3 \leqslant 6 \\ 2x_1 + x_2 + x_3 \geqslant 2 \\ x_1 \leqslant 0, x_2 \geqslant 0, x_3 \text{ 无约束} \end{cases}$$

的对偶问题的最优解 $Y = (0, -2)$，根据对偶理论直接求原问题的最优解。

2.4　考虑线性规划

$$\max Z = 2x_1 - x_2 + x_3$$

$$\begin{cases} x_1 + x_2 + x_3 \leqslant 6 \\ -x_1 + 2x_2 \leqslant 4 \\ x_1, x_2, x_3 \geqslant 0 \end{cases}$$

（1）证明原问题和对偶问题都有最优解。

（2）通过解对偶问题由最优表中观察出原问题的最优解。

（3）利用公式 $C_B B^{-1}$ 求原问题的最优解。

2.5　用对偶单纯形法求解下列线性规划

（1）$\min Z = x_1 + x_2$　　　（2）$\min Z = 3x_1 + 2x_2 + x_3$

$$\begin{cases} 2x_1 + x_2 \geqslant 4 \\ x_1 + 7x_2 \geqslant 7 \\ x_1, x_2 \geqslant 0 \end{cases}$$
$$\begin{cases} x_1 + x_2 + x_3 \leqslant 6 \\ x_1 - x_3 \geqslant 4 \\ x_2 - x_3 \geqslant 3 \\ x_1, x_2, x_3 \geqslant 0 \end{cases}$$

2.6　某工厂生产甲、乙两种产品,需要三种资源:煤、电、油。有关数据如表 2 – 18 所示,求解下列问题。

表 2 – 18

资源消耗 资源＼产品	甲	乙	资源限量
煤	9	4	360
电	4	5	200
油	3	10	300
单位产品价格	7	12	

(1)怎样安排生产,使利润最大。

(2)另一厂家希望以最低的价格购买其所有资源,试建立购买者的线性规划模型。

(3)若增加 1 个单位的电资源,总利润增加多少。

(4)电资源在什么范围内变化,原生产计划不变。若有人愿意以每单位 1 元的价格向该厂供应 25 个单位的电资源,该厂是否接受。

(5)甲产品的价格在什么范围内变化,现最优解不变。

(6)现又考虑一种新产品丙,其三种资源消耗为 10,2,5,售价为 6.5,该产品是否可投入生产。

3 整数规划

3.1 整数规划的数学模型

一个规划问题中要求部分或全部决策变量是整数,则这个规划称为整数规划。要求全部变量取整数值的,称为纯整数规划;要求一部分变量取整数值的,称为混合整数规划;决策变量全部取 0 或 1 的规划称为 0 - 1 整数规划;如果模型是线性的,称为整数线性规划。本章只讨论整数线性规划。

第 1 章例 1.1 的生产计划问题实质上是一个整数规划问题。很多实际规划问题都属于整数规划问题,如变量是人数、机器设备台数或产品件数等都要求是整数。此外,还有一些问题,如对某一个项目要不要投资的决策问题,可选用一个逻辑变量(或称二进制变量)x,当 $x = 1$ 表示投资,$x = 0$ 表示不投资,这样的问题也是整数规划问题。

【例 3.1】 某人有一个背包可以装 10 kg,0.025 m³ 的物品,用来装甲、乙两种物品,每件物品的重量、体积和价值如表 3 - 1 所示。甲、乙两件物品各装多少件,总价值最大。

表 3 - 1

物品	重量/(kg/件)	体积/(m³/件)	价值/(元/件)
甲	1.2	0.002	4
乙	0.8	0.0025	3

解 设甲、乙两种物品各装 x_1, x_2 件,则数学模型为:

$$\max Z = 4x_1 + 3x_2$$

$$\begin{cases} 1.2x_1 + 0.8x_2 \leqslant 10 \\ 2x_1 + 2.5x_2 \leqslant 25 \\ x_1, x_2 \geqslant 0 \text{ 且均取整数} \end{cases}$$

如果不考虑 x_1, x_2 取整数的约束,用图解法求得最优解为 $X = (3.57, 7.14)^{\mathrm{T}}$,$Z = 35.7$。由于 x_1, x_2 必须取整数值,实际上问题的可行解集只是可行域内的那些整数点。完全枚举法并不是有效的方法,本章介绍的方法有分支定界法、割平面法和隐枚举法。

3.2 分支定界法

分支定界法可用于解纯整数或者混合整数规划问题。在 20 世纪 60 年代初由 Land Doig 和 Dakin 等人提出。

3.2.1 分支定界法的解题思路

（1）首先求解整数规划的松弛问题（不考虑整数条件，由余下的目标函数和约束条件构成的规划问题称为该整数规划问题的松弛问题）的最优解，如果求得的最优解不符合整数条件，则转到下一步。

（2）任选一个非整数解的变量 x_i，在松弛问题中加上约束 $x_i \leqslant [x_i]$ 及 $x_i \geqslant [x_i + 1]$ 组成两个新的松弛问题，称为分支。

（3）新的分支问题的特征为：原问题求最大值时，目标值是分支问题的上界；当原问题是求最小值时，目标值是分支问题的下界。

（4）检查所有分支的解及目标函数值，若某分支的解是整数并且目标函数值（max）大于等于其他分支的目标值，则将其他分支剪去不再计算，若还存在非整数解并且目标值（max）大于整数解的目标值，需要继续分支，再检查，直到得到最优解。

3.2.2 整数规划解的特点

整数规划相对于其松弛问题而言，两者之间既有联系，又有本质的区别，表现在以下几个方面：

（1）整数规划问题的可行域是其松弛问题的一个子集。

（2）整数规划问题的可行解一定是其松弛问题的可行解。

（3）一般情况下，松弛问题的最优解不会刚好满足变量的整数约束条件，因而不是整数规划的可行解，更不是最优解。

（4）对松弛问题的最优解中非整数变量简单的取整，所得到的解不一定是整数规划问题的最优解，甚至也不一定是整数规划问题的可行解。

【例 3.2】 求解下述整数规划：

$$\max Z = 4x_1 + 3x_2$$

$$\begin{cases} 1.2x_1 + 0.8x_2 \leqslant 10 \\ 2x_1 + 2.5x_2 \leqslant 25 \\ x_1, x_2 \geqslant 0 \quad \text{且为整数} \end{cases}$$

解 （1）先求解此整数规划松弛问题的最优解。

其松弛问题为：

$$\max Z = 4x_1 + 3x_2$$
$$\begin{cases} 1.2x_1 + 0.8x_2 \leq 10 \\ 2x_1 + 2.5x_2 \leq 25 \\ x_1, x_2 \geq 0 \end{cases}$$

用图解法得到其最优解为：

$$x_1 = 3.57, x_2 = 7.14, Z = 35.7$$

（2）因为 x_1, x_2 当前均为非整数，可以任选一个变量进行分支。这里选 x_1 进行分支（也可以选 x_2），于是对原问题增加两个约束条件：

$$x_1 \leq [3.57] = 3, x_1 \geq [3.57] + 1 = 4$$

可将原问题的松弛问题分解为两个分支 LP1 和 LP2。

LP1：

$$\max Z = 4x_1 + 3x_2$$
$$\begin{cases} 1.2x_1 + 0.8x_2 \leq 10 \\ 2x_1 + 2.5x_2 \leq 25 \\ x_1 \leq 3 \\ x_1, x_2 \geq 0 \end{cases}$$

LP2：

$$\max Z = 4x_1 + 3x_2$$
$$\begin{cases} 1.2x_1 + 0.8x_2 \leq 10 \\ 2x_1 + 2.5x_2 \leq 25 \\ x_1 \geq 4 \\ x_1, x_2 \geq 0 \end{cases}$$

用图解法求解 LP1 和 LP2，得到最优解为：

LP1	LP2
$x_1 = 3, x_2 = 7.6, Z_1 = 34.8$	$x_1 = 4, x_2 = 6.5, Z_2 = 35.5$

（3）显然没有得到全部变量都是整数的解，继续对问题 LP1 和 LP2 进行分支，因 $Z_2 > Z_1$，故先分解 LP2 为两支，增加条件 $x_2 \leq 6$，称为 LP3；增加条件 $x_2 \geq 7$，称为 LP4。

LP3：

$$\max Z = 4x_1 + 3x_2$$
$$\begin{cases} 1.2x_1 + 0.8x_2 \leq 10 \\ 2x_1 + 2.5x_2 \leq 25 \\ x_1 \geq 4, x_2 \leq 6 \\ x_1, x_2 \geq 0 \end{cases}$$

LP4：

$$\max Z = 4x_1 + 3x_2$$
$$\begin{cases} 1.2x_1 + 0.8x_2 \leq 10 \\ 2x_1 + 2.5x_2 \leq 25 \\ x_1 \geq 4, x_2 \geq 7 \\ x_1, x_2 \geq 0 \end{cases}$$

通过图解法求得 LP3 和 LP4 最优解为：

LP3	LP4
$x_1 = 4.33, x_2 = 6, Z_3 = 35.33$	无可行解

继续对 LP3 进行分支,增加条件 $x_1 \leqslant 4$,称为 LP5;增加条件 $x_1 \geqslant 5$,称为 LP6。

LP5:

$$\max Z = 4x_1 + 3x_2$$
$$\begin{cases} 1.2x_1 + 0.8x_2 \leqslant 10 \\ 2x_1 + 2.5x_2 \leqslant 25 \\ x_1 \geqslant 4, x_2 \leqslant 6, x_1 \leqslant 4 \\ x_1, x_2 \geqslant 0 \end{cases}$$

LP6:

$$\max Z = 4x_1 + 3x_2$$
$$\begin{cases} 1.2x_1 + 0.8x_2 \leqslant 10 \\ 2x_1 + 2.5x_2 \leqslant 25 \\ x_1 \geqslant 4, x_2 \leqslant 6, x_1 \geqslant 5 \\ x_1, x_2 \geqslant 0 \end{cases}$$

通过图解法求得 LP5 和 LP6 最优解为:

LP5	LP6
$x_1 = 4, x_2 = 6, Z_5 = 34$	$x_1 = 5, x_2 = 5, Z_6 = 35$

由于 LP5 和 LP6 已经是整数解,尽管 LP1 还可以对 x_2 进行分支,但是 $Z_1 < Z_6$,因此 LP6 的解是整数规划的最优解,最优解为 $x_1 = 5, x_2 = 5$,$Z = 35$。

上述分支过程可用下图表示。

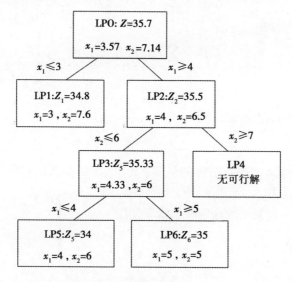

图 3 - 1

3.3　割平面法

割平面法由高莫雷(R. E. Gomory)于1958年提出,其基本思路是放宽变量的整数约束,首先求其对应的松弛问题的最优解,当某个变量不满足整数要求时,寻找一个约束方程并添加到松弛问题中,其作用是切割掉非整数部分,缩小原松弛问题的可行域,最后逼近整数问题的最优解。

将上述方法进行一般化描述:

(1)设 x_i 是整数规划的松弛问题最优表上第 i 行约束方程所对应的基变量,其取值为非整数,x_j 为非基变量,则其约束方程式为:

$$x_i + \sum_{j \in J_N} a'_{ij} x_j = b'_i \tag{3-1}$$

(2)将 a'_{ij} 及 b'_i 拆分为一个整数和一个非负真分数之和,则得到:

$$a'_{ij} = [a'_{ij}] + f_{ij},$$
$$b'_i = [b'_i] + f_i \tag{3-2}$$

式(3-2)中的 $[a'_{ij}]$、$[b'_i]$ 分别为不超过 a'_{ij},b'_i 的最大整数,而 $0 \leqslant f_{ij} < 1, 0 \leqslant f_i < 1$。将(3-2)式代入(3-1)式可以得到:

$$x_i + \sum_{j \in J_N} [a'_{ij}] x_j + \sum_{j \in J_N} f_{ij} x_j = [b'_i] + f_i$$

$$x_i - [b'_i] + \sum_{j \in J_N} [a'_{ij}] x_i = f_i - \sum_{j \in J_N} f_{ij} x_j$$

两边都为整数,则有:

$$f_i - \sum_{j \in J_N} f_{ij} x_j \leqslant f_i < 1$$

$$f_i - \sum_{j \in J_N} f_{ij} x_j \leqslant 0$$

加入松弛变量 x_s,化为等式得到:

$$-\sum_{j \in J_N} f_{ij} x_j + x_s = -f_i \tag{3-3}$$

式(3-3)就是割平面方程的最基本形式,增加的新约束称为割平面方程或高莫雷约束方程。

【例3.3】　用割平面法解整数规划问题

$$\max Z = x_1 + x_2$$

$$\begin{cases} -x_1 + x_2 \leqslant 1 \\ 3x_1 + x_2 \leqslant 4 \\ x_1, x_2 \geqslant 0 \text{ 且为整数} \end{cases}$$

解　首先放宽约束变量,原问题对应的松弛问题为:

$$\max Z = x_1 + x_2$$

$$\begin{cases} -x_1 + x_2 \leqslant 1 \\ 3x_1 + x_2 \leqslant 4 \\ x_1, x_2 \geqslant 0 \end{cases}$$

用单纯形法求解原问题的松弛问题,得到最优单纯形表,如表 3 – 2 所示。

表 3 – 2

	C_j	1	1	0	0	
C_B	X_B	x_1	x_2	x_3	x_4	$\bar{b}$
1	x_2	0	1	3/4	1/4	7/4
1	x_1	1	0	– 1/4	1/4	3/4
	λ_j	0	0	– 1/2	– 1/2	

在松弛问题最优表上,任选一个含有不满足整数条件基变量的约束方程。这里选 x_1,则含 x_1 的约束方程为:

$$x_1 - \frac{1}{4}x_3 + \frac{1}{4}x_4 = \frac{3}{4}$$

将所选的约束方程中非基变量的系数及常数均拆成一个整数加一个非负的真分数之和,则上式变为:

$$x_1 + (-1 + \frac{3}{4})x_3 + (0 + \frac{1}{4})x_4 = 0 + \frac{3}{4}$$

将上式中的非基变量系数及常数项中的非负真分数部分移到等号左端,将其他部分移到等式右端,得:

$$\frac{3}{4}x_3 + \frac{1}{4}x_4 - \frac{3}{4} = 0 - x_1 + x_3 + 0 \cdot x_4$$

即:

$$-\frac{3}{4}x_3 - \frac{1}{4}x_4 \leqslant -\frac{3}{4}$$

加入松弛变量 x_5,得到高莫雷约束方程:

$$-\frac{3}{4}x_3 - \frac{1}{4}x_4 + x_5 = -\frac{3}{4}$$

将高莫雷约束方程加到松弛问题的最优表中,用对偶单纯形法继续求解,如表 3 – 3 所示。

表 3 – 3

C_j		1	1	0	0	0	$\bar{b}$
C_B	X_B	x_1	x_2	x_3	x_4	x_5	
1	x_2	0	1	3/4	1/4	0	7/4
1	x_1	1	0	– 1/4	1/4	0	3/4
0	x_5	0	0	[– 3/4]	– 1/4	1	– 3/4
λ_j		0	0	– 1/2	– 1/2	0	
1	x_2	0	1	0	0	1	1
1	x_1	1	0	0	1/3	– 1/3	1
0	x_3	0	0	1	1/3	– 4/3	1
λ_j		0	0	0	– 1/3	– 2/3	

由表 3 – 3 可以看出,最优解为 $X = (1,1)^{\mathrm{T}}$,最优值为 $Z = 2$。

如果在增加了一个高莫雷约束方程的情况下,还没有得到整数最优解,则继续做割平面,重复上述计算过程,直到得到整数最优解。

3.4 0 – 1 整数规划

0 – 1 型整数规划是整数规划中的特殊情形,它的变量仅可取值 0 或 1,这时的变量 x_i 称为 0 – 1 变量,或称为二进制变量。0 – 1 型整数规划中 0 – 1 变量作为逻辑变量,常被用来表示系统是否处于某一特定状态,或者决策时是否取某个方案。

将 0 – 1 规划的变量改为 $0 \leqslant x_j \leqslant 1$ 并且为整数,就可以用分支定界法或割平面法求解。由于 0 – 1 规划的特殊性,用隐枚举法更为简便,其求解步骤如下:

(1)寻找一个初始可行解 x_0,得到目标函数值的下界 Z_0,(最小值问题则为上界)。

(2)列出 $2n$ 个变量取值的组合,当组合解 x_j 对应的目标值 Z_j 小于 Z_0(max)时,认为不可行,当 Z_j 大于等于 Z_0(max)时,再检验是否满足约束条件,得到 0 – 1 规划的可行解。

(3)依据 Z_j 的值确定最优解。

这里的下界 Z_0 可以动态移动,当某个 Z_j 大于 Z_0 时,则将 Z_j 作为新的下界。

【例3.4】 用隐枚举法求解下列0-1规划问题：

$$\max Z = 3x_1 - 2x_2 + 5x_3$$

$$\begin{cases} x_1 + 2x_2 - x_3 \leqslant 2 \\ x_1 + 4x_2 + x_3 \leqslant 4 \\ x_1 + x_2 \leqslant 3 \\ 4x_2 + x_3 \leqslant 6 \\ x_1, x_2, x_3 = 0 \text{ 或 } 1 \end{cases}$$

解 （1）首先通过观察法找到一个初始可行解，例如 $X_0 = (1,0,0)^T$，则目标函数值 $Z_0 = 3$ 为0-1规划问题的下界。

（2）根据下界 Z_0，构造一个新的约束条件 $3x_1 - 2x_2 + 5x_3 \geqslant 3$，增加到原来的约束条件中，并且把它放到第一个约束条件的位置，原0-1规划问题就可以写为：

$$\max Z = 3x_1 - 2x_2 + 5x_3$$

$$\begin{cases} 3x_1 - 2x_2 + 5x_3 \geqslant 3 \\ x_1 + 2x_2 - x_3 \leqslant 2 \\ x_1 + 4x_2 + x_3 \leqslant 4 \\ x_1 + x_2 \leqslant 3 \\ 4x_2 + x_3 \leqslant 6 \\ x_1, x_2, x_3 = 0 \text{ 或 } 1 \end{cases}$$

（3）列出变量取0和1的组合共8个，依次检查各种变量组合是否满足新增加的约束条件，如果满足，则继续检查是否满足其他约束条件，如果约束条件都满足，则找到一个新的可行解，求出它的目标函数 Z_j。继续检查其余变量组合，直到所有变量组合都被检查完毕，得到最优解。

如果变量组合不满足新增加的约束条件，则其后面的约束条件不需要再进行计算。

求解过程如表3-4所示，表3-4中（1）为新增加的约束条件，而（2），（3），（4），（5）为原问题的约束条件，"×"代表不满足约束，"√"代表满足条件，空格代表不需要计算。由表3-4知0-1规划问题的最优解为 $X = (1,0,1)^T$，最优值为 $Z = 8$。

表 3 - 4

X_j	新增加的约束	约束条件					Z_j
		(1)	(2)	(3)	(4)	(5)	
	$3x_1 - 2x_2 + 5x_3 \geqslant 3$						
(0,0,0)		×					
(0,0,1)		√	√	√	√	√	5
(0,1,0)		×					
(0,1,1)		√	√	×			
(1,0,0)		√	√	√	√	√	3
(1,0,1)		√	√	√	√	√	8
(1,1,0)		×					
(1,1,1)		√	√	×			

习题

3.1 某厂拟用集装箱托运甲、乙两种货物,每箱的体积、重量、可获利润以及托运所受限制如表 3 - 5 所示。问两种货物各托运多少箱,可使获得利润为最大?

表 3 - 5

货物	体积/(m^3/箱)	重量/(100kg/箱)	利润/(100 元/箱)
甲	5	2	20
乙	4	5	10
托运限制	24 m^3	1 300 kg	

3.2 某财团有 B 万元的资金,经出去考察选中 n 个投资项目,每个项目只能投资一个。其中第 j 个项目需投资金额为 B_j 万元,预计 5 年后获利 C_j ($j=0,1,2,3,\cdots,n$)万元,问应如何选择项目使得 5 年后总收益最大?

$$\max \sum_{j=1}^{n} c_j x_j$$

$$s.\,t. \begin{cases} \sum_{j=1}^{n} b_j x_j \leqslant B \\ x_j = 1,0; j = 1,2,\cdots,n \end{cases}$$

3.3 一辆货车的有效载重量是 20 t,载货有效空间是 8 m × 3.5 m × 2 m。现有 6 件不同的货物可供选择运输,每件货物的重量、体积及收入如表 3 – 6 所示。另外,在货物 4 和货物 5 中先运输货物 5,货物 1 和货物 2 不能混装,为使货物运输收入最大,建立数学规划模型。

表 3 – 6

货物号	1	2	3	4	5	6
重量/t	6	5	3	4	7	2
体积/m³	3	7	4	5	6	2
收入/百元	5	8	4	6	7	3

3.4 用分支定界法求解下列问题

$(1) \max Z = 2x_1 + 3x_2$

$$\begin{cases} 5x_1 + 7x_2 \leqslant 35 \\ 4x_1 + 9x_2 \leqslant 36 \\ x_1, x_2 \geqslant 0 \text{ 且为整数} \end{cases}$$

$(2) \max Z = x_1 + x_2$

$$\begin{cases} 2x_1 + 5x_2 \leqslant 16 \\ 6x_1 + 5x_2 \leqslant 30 \\ x_1, x_2 \geqslant 0 \text{ 且为整数} \end{cases}$$

3.5 用割平面法求解下列问题

$(1) \max Z = x_1 + x_2$

$$\begin{cases} 2x_1 + x_2 \leqslant 6 \\ 4x_1 + 5x_2 \leqslant 20 \\ x_1, x_2 \geqslant 0 \text{ 且为整数} \end{cases}$$

$(2) \max Z = 3x_1 - x_2$

$$\begin{cases} 3x_1 - 2x_2 \leqslant 3 \\ -5x_1 - 4x_2 \leqslant -10 \\ 2x_1 + x_2 \leqslant 5 \\ x_1, x_2 \geqslant 0 \text{ 且为整数} \end{cases}$$

3.6 用隐枚举法求解下列 0 – 1 规划问题

$(1) \min Z = 4x_1 + 3x_2 + 2x_3$

$$\begin{cases} 2x_1 - 5x_2 + 3x_3 \leqslant 4 \\ 4x_1 + x_2 + 3x_3 \geqslant 3 \\ x_2 + x_3 \geqslant 1 \\ x_1, x_2, x_3 = 0 \text{ 或 } 1 \end{cases}$$

$(2) \min Z = 2x_1 + 5x_2 + 3x_3 + 4x_4$

$$\begin{cases} -4x_1 + x_2 + x_3 + x_4 \geqslant 0 \\ -2x_1 + 4x_2 + 2x_3 + 4x_4 \geqslant 4 \\ x_1 + x_2 - x_3 + x_4 \geqslant 1 \\ x_1, x_2, x_3, x_4 = 0 \text{ 或 } 1 \end{cases}$$

4 目标规划

4.1 目标规划及其数学模型

线性规划模型的特征是在满足一组约束条件下,寻求一个目标的最优解(最大值或最小值)。而在现实生产实践中,如果约束条件较多,无法逐一满足,只能将每个约束条件按照重要性排序,优先满足重要度较高的约束。因此,计算过程中得到的解往往不是最优解,而是满意解。

4.1.1 目标规划问题的提出

【例4.1】 某企业生产甲、乙两种产品,受到原材料供应和设备工时的限制,具体数据如表4-1所示。

表 4-1

	产品甲	产品乙	现有资源
原材料 A/kg	3	0	12
原材料 B/kg	0	4	16
设备 C/h	1	1	6
设备 D/h	5	3	15
利润/(元/件)	10	20	

设 x_1, x_2 分别为甲、乙两种产品的生产量,使企业在计划期内总利润最大的线性规划模型为:

$$\max Z = 10x_1 + 20x_2$$

$$\begin{cases} 3x_1 \leqslant 12 \\ 4x_2 \leqslant 16 \\ x_1 + x_2 \leqslant 6 \\ 5x_1 + 3x_2 \leqslant 15 \\ x_1, x_2 \geqslant 0 \end{cases}$$

但在实际决策过程中,需要考虑市场需求等一系列情况,重新制定以下经营目标：

　　(1)材料不能超用；

　　(2)利润不少于40元；

　　(3)产品甲和产品乙的产量比例保持1:1；

　　(4)设备C应尽可能被充分利用,但不希望加班；

　　(5)设备D加工能力不足可以加班解决,但能不加班最好。

　　解　设甲、乙产品的产量分别为x_1,x_2。按照线性规划的思路建模为：

$$\begin{cases} 3x_1 \leqslant 12 \\ 4x_2 \leqslant 16 \\ 10x_1 + 20x_2 \geqslant 40 \\ x_1 = x_2 \\ x_1 + x_2 = 6 \\ 5x_1 + 3x_2 \leqslant 15 \\ x_1, x_2 \geqslant 0 \end{cases}$$

　　显然该不等式无解,在实际生产过程中总是会有生产方案的,无解只能说明在现有资源条件下,不可能满足所有经营目标。

　　目标规划就是研究企业考虑现有资源的条件下,按事先制定的目标顺序逐项检查,在多个经营目标中寻求满意解,即使得完成目标的总体结果离事先制定的目标差距最小。

4.1.2　目标规划的数学模型

　　设d^+,d^-分别为正、负偏差变量。d^+表示决策值超过目标值的部分；d^-表示决策值未达到目标值的部分,$d^+\geqslant0,d^-\geqslant0$。因为决策值不可能既超过目标值同时又未达到目标值,所以$d^+ \times d^- = 0$。正负偏差变量的关系如图4-1所示。

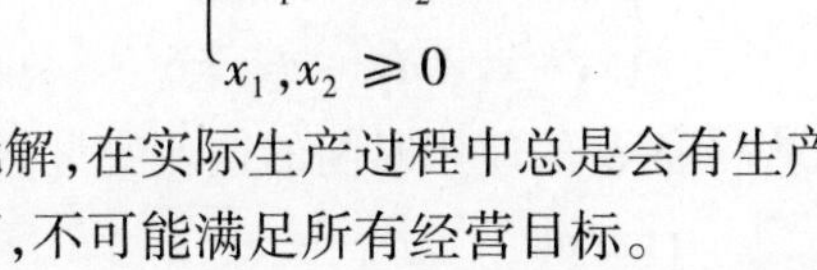

目标值

$d^->0$	$d^-=0$	$d^+>0$
$d^+=0$	$d^+=0$	$d^-=0$

图4-1

【**例4.2**】　求例4.1的目标规划模型。

　　(1)设d_1^+为超出目标利润的部分,d_1^-为未达到目标利润的部分。

　　当利润小于40时,$d_1^->0$且$d_1^+=0$,则有$10x_1+20x_2+d_1^-=40$。

　　当利润大于40时,$d_1^-=0$且$d_1^+>0$,则有$10x_1+20x_2-d_1^+=40$。

当利润等于 40 时，$d_1^- = 0$ 且 $d_1^+ = 0$，则有 $10x_1 + 20x_2 = 40$。

实际利润只有上述情形之一发生，因而可将三个等式写成一个等式：

$$10x_1 + 20x_2 + d_1^- - d_1^+ = 40$$

利润不少于 40 为达到或超过 40，即使不能达到也要尽可能接近 40，因此表达成目标函数 $\{d_1^-\}$ 取最小值，即：

$$\begin{cases} \min d_1^- \\ 10x_1 + 20x_2 + d_1^- - d_1^+ = 40 \end{cases}$$

（2）设 d_2^+ 和 d_2^- 分别为超过和未达到产品比例要求的偏差变量，则其数学表达式为：

$$\begin{cases} \min(d_2^- + d_2^+) \\ x_1 - x_2 + d_2^- - d_2^+ = 0 \end{cases}$$

（3）设 d_3^+ 和 d_3^- 为设备 C 的使用时间的偏差变量，数学表达式为：

$$\begin{cases} \min(d_3^- + d_3^+) \\ x_1 + x_2 + d_3^- - d_3^+ = 6 \end{cases}$$

（4）设 d_4^+ 和 d_4^- 为设备 D 的使用时间的偏差变量，数学表达式为：

$$\begin{cases} \min d_4^+ \\ 5x_1 + 3x_2 + d_4^- - d_4^+ = 15 \end{cases}$$

由于目标是有序的并且 4 个目标函数非负，因此目标函数可以表达成：

$$\min Z = P_1 d_1^- + P_2(d_2^- + d_2^+) + P_3(d_3^- + d_3^+) + P_4 d_4^+$$

上式中的 $P_j(j = 1, 2, 3, 4)$ 称为目标的优先因子。要求第一位达到的目标赋予优先因子 P_1，次位的目标依次赋予优先因子 $P_2, \cdots, P_k, P_{k+1}, \cdots, P_j$。表示 P_k 比 P_{k+1} 有更大的优先权，即首先求 d_1^- 得最小值，在此基础上再求 $(d_2^- + d_2^+)$ 的最小值，依次类推最后求 d_4^+ 得最小值。上述问题的目标规划数学模型为：

$$\min Z = P_1 d_1^- + P_2(d_2^- + d_2^+) + P_3(d_3^- + d_3^+) + P_4 d_4^+$$

$$\begin{cases} 3x_1 \leqslant 12 \\ 4x_2 \leqslant 16 \\ 10x_1 + 20x_2 + d_1^- - d_1^+ = 40 \\ x_1 - x_2 + d_2^- - d_2^+ = 0 \\ x_1 + x_2 + d_3^- - d_3^+ = 6 \\ 5x_1 + 3x_2 + d_4^- - d_4^+ = 15 \\ x_1, x_2 \geqslant 0, d_i^-, d_i^+ \geqslant 0, i = 1, 2, 3, 4 \end{cases}$$

应当注意的是，决策者对于具有相同重要性的目标可以赋予相同的优先因子,若要区别具有相同优先因子的两个目标,可分别赋予它们不同的权系数 w_j。而权系数的确定方法有两两比较法、专家评分法等,依据权系数的大小区分它们的重要性,权系数越大越重要。

目标规划数学模型的形式有线性模型、非线性模型、整数模型以及交互作用模型等,本章只介绍线性目标规划数学模型。

对于目标规划的目标函数,通常是按决策者的意愿事先给定所要达到的目标值,当期望值不超过目标值时,目标函数为:

$$\min Z = f(d^+)$$

当期望值超过目标值时,目标函数为:

$$\min Z = f(d^-)$$

当期望值等于目标值时,目标函数为:

$$\min Z = f(d^- + d^+)$$

目标规划的约束可分为目标约束和系统约束。由目标构成的约束称为目标约束,它具有更大的弹性,即允许结果与所制定的目标值存在正或负的偏差,如例 4.1 中的 4 个等式约束。如果决策者要求结果一定不能有正或负的偏差,这种约束称为系统约束,如例 4.1 中的材料约束。

综上,目标规划的一般模型为:

$$\min Z = \sum_{k=1}^{K} P_k \left(\sum_{l=1}^{L} w_{kl}^- d_l^- + w_{kl}^+ d_l^+ \right)$$

$$\begin{cases} \sum_{j=1}^{n} a_{ij} x_j \leqslant (=, \geqslant) b_i & (i = 1, 2, \cdots, m) \\ \sum_{j=1}^{n} c_{lj} x_j + d_l^- - d_l^+ = g_l & (l = 1, 2, \cdots, L) \\ x_j \geqslant 0 & (j = 1, 2, \cdots, n) \\ d_l^-, d_l^+ \geqslant 0 \end{cases}$$

上式中的 P_k 为第 k 级优先因子;w_{kl}^-,w_{kl}^+ 分别为第 l 个目标约束的正负偏差变量的权系数;g_l 为目标的期望值。第一个约束为系统约束,第二个约束为目标约束。

【例 4.3】 某企业生产甲、乙两种产品,这两种产品需要在设备 A、B 上加工,所耗设备台时、设备的加功能力及产品售价、产品利润见表 4-2。

表 4 - 2

	甲	乙	每天的加工能力
设备 A/h	1	2	80
设备 B/h	2	2	140
产品售价/(元/件)	50	60	
产品利润/(元/件)	10	8	

已知产品的最大产值 $Z_1 = 3\,600$,最大利润 $Z_2 = 700$。

(1)建立产值和利润尽可能达到最大值的数学模型。

(2)如果认为利润比产值重要,应怎样决策。

解 (1)设 x_1,x_2 分别为产品甲和乙的日产量,则产值尽可能达到 3 600 可表示为:

$$\begin{cases} \min d_1^- \\ 50x_1 + 60x_2 + d_1^- - d_1^+ = 3\,600 \end{cases}$$

利润尽可能达到 700 可表示为:

$$\begin{cases} \min d_2^- \\ 10x_1 + 8x_2 + d_2^- - d_2^+ = 700 \end{cases}$$

因此满足条件的数学模型为:

$$\min Z = d_1^- + d_2^-$$

$$\begin{cases} 50x_1 + 60x_2 + d_1^- - d_1^+ = 3\,600 \\ 10x_1 + 8x_2 + d_2^- - d_2^+ = 700 \\ x_1 + 2x_2 \leqslant 80 \\ 2x_1 + 2x_2 \leqslant 140 \\ x_j, d_i^-, d_i^+ \geqslant 0 \end{cases}$$

(2)当认为利润比产值重要时,可以给 d_2^- 赋予一个比 d_1^- 的系数大的权系数,如 $\min Z = d_1^- + 2d_2^-$,约束条件不变。$\min Z = d_1^- + 2d_2^-$ 等价于 $\min Z = P_1 d_2^- + P_2 d_1^-$。

4.2 目标规划的图解法

当目标规划模型中只含有两个决策变量(不包含偏差变量)时,可以用图解法求出满意解。

【例 4.4】 用图解法求解例 4.2 中的目标规划。

$$\min Z = P_1 d_1^- + P_2(d_2^- + d_2^+) + P_3(d_3^- + d_3^+) + P_4 d_4^+$$

$$\begin{cases} 3x_1 \leqslant 12 \\ 4x_2 \leqslant 16 \\ 10x_1 + 20x_2 + d_1^- - d_1^+ = 40 \\ x_1 - x_2 + d_2^- - d_2^+ = 0 \\ x_1 + x_2 + d_3^- - d_3^+ = 6 \\ 5x_1 + 3x_2 + d_4^- - d_4^+ = 15 \\ x_1, x_2 \geqslant 0, d_i^-, d_i^+ \geqslant 0, i = 1, 2, 3, 4 \end{cases}$$

解 第一步,以 x_1, x_2 为轴画出平面直角坐标系。系统约束的作图与线性规划相同,本例中满足前两个系统约束的可行域为矩形。如图 4 - 2 所示。

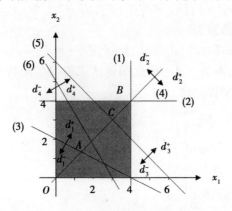

图 4 - 2

第二步,先令所有偏差变量等于零,绘制出目标约束直线,然后标明偏差变量大于零时点 (x_1, x_2) 所在的区域。例如第三个约束中,当 (x_1, x_2) 在该直线的右上方时 $d_1^+ > 0, d_1^- = 0$;当 (x_1, x_2) 在该直线的左下方时 $d_1^- > 0, d_1^+ = 0$。

第三步,按目标的优先次序求函数的最小值。在矩形区域上,$\min d_1^-$ 的解在直线(3)的右上方;在直线(3)右上方的阴影部分中 $\min(d_2^- + d_2^+)$ 的解在线段 $\overline{AB}$ 上;在线段 $\overline{AB}$ 上 $\min(d_3^- + d_3^+)$ 的解是点 C;满足 $\min d_4^+$ 的解得不到满足。因此点 $C(3, 3)$ 为目标规划的满意解。

应当注意的是目标规划问题求解时,把系统约束作为最高优先级考虑。

【例 4.5】 用图解法求解目标规划

$$\min Z = P_1(d_1^- + d_2^+) + P_2(d_3^- + d_3^+) + P_3 d_4^+$$

$$\begin{cases} 2x_1 + x_2 + d_1^- - d_1^+ = 80 \\ 7x_1 + 8x_2 + d_2^- - d_2^+ = 560 \\ x_1 + x_2 + d_3^- - d_3^+ = 60 \\ x_1 + 2.5x_2 + d_4^- - d_4^+ = 100 \\ x_1, x_2 \geqslant 0, d_i^-, d_i^+ \geqslant 0, i = 1, 2, \cdots, 4 \end{cases}$$

解 先画出四个约束的直线,见图 4 - 3。第一目标最小是图中的阴影部分;第二目标最小是图中的线段 $\overline{AC}$;第三目标最小是图中线段 $\overline{BC}$,即满意解为线段 $\overline{BC}$ 上任意点,端点的解是 $B(\frac{100}{3}, \frac{80}{3})$,$C(60, 0)$。

如果目标函数变为:
$$\min Z = P_1(d_1^- + d_1^+) + P_2(d_2^- + 2d_3^+) + P_3 d_4^+$$

该目标函数可改写为:
$$\min Z = P_1(d_1^- + d_1^+) + P_2 d_3^+ + P_3 d_2^- + P_4 d_4^+$$

满意解为点 D,不是点 A。因此图解法求解时如果按权系数大小顺序求最小值很容易得到错误的解。

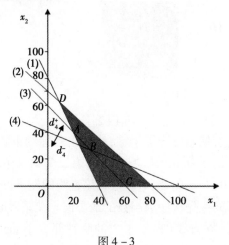

图 4 - 3

4.3 目标规划的单纯形法

目标规划单纯形法的求解步骤类似第 1 章介绍的单纯形法,只是针对目标规划数学模型自身的一些特点,会有以下不同:

(1)目标规划问题的目标函数是求最小化,因此,以 $\lambda_j \geqslant 0, j = (1, 2, \cdots,$

n)为最优准则;

(2)目标规划问题的检验数行按优先因子个数分别列成 K 行;

(3)目标规划的检验数要按优先级顺序逐级进行,即首先使得检验数中 P_1 的系数非负,再使得 P_2 的系数非负,依次进行;

(4)当 $P_k(k=K)$ 对应的系数全部非负时得到满意解;

(5)如果 $P_1,P_2,\cdots,P_i$ 行系数非负,而 P_{i+1} 行存在负数,并且负数所在列上面 $P_1,P_2,\cdots,P_i$ 行中存在正数时,得到满意解,如果该负数所在列上面 $P_1,P_2,\cdots,P_i$ 行中不存在正数时,未得到满意解,需要继续迭代;

(6)当存在两个和两个以上相同最小比值时,选具有较高优先级别的变量为出基变量。

【例 4. 6】 用单纯形法求解下列目标规划问题:

$$\min Z = P_1 d_1^+ + P_2(d_2^- + d_2^+) + P_3 d_3^-$$

$$\begin{cases} 2x_1 + x_2 \leqslant 11 \\ x_1 - x_2 + d_1^- - d_1^+ = 0 \\ x_1 + 2x_2 + d_2^- - d_2^+ = 10 \\ 8x_1 + 10x_2 + d_3^- - d_3^+ = 56 \\ x_1, x_2 \geqslant 0, d_i^-, d_i^+ \geqslant 0, i = 1, 2, 3 \end{cases}$$

解 在第一个约束中加入松弛变量 x_3,以 x_3, d_1^-, d_2^-, d_3^- 为初始基变量,列初始单纯形表见表 4 - 3。

表 4 - 3

C_j		0	0	0	0	p_1	p_2	p_2	p_3	0	b	θ
C_B	X_B	x_1	x_2	x_3	d_1^-	d_1^+	d_2^-	d_2^+	d_3^-	d_3^+		
0	x_3	2	1	1							11	11
0	d_1^-	1	-1		1	-1					0	—
P_2	d_2^-	1	[2]				1	-1			10	5
P_3	d_3^-	8	10						1	-1	56	28/5
	p_1					1						
λ_j	p_2	-1	-2					2				
	p_3	-8	-10							1		

表中 P_1 行的系数均为非负。说明第一目标已经得到优化。P_2 行中 -2 最小,则 x_2 进基,由最小比值规则可知 d_2^- 出基,进行换基迭代得到表 4 - 4。

表 4 – 4

C_j		0	0	0	0	p_1	p_2	p_2	p_3	0	b	θ
C_B	X_B	x_1	x_2	x_3	d_1^-	d_1^+	d_2^-	d_2^+	d_3^-	d_3^+		
0	x_3	3/2		1			-1/2	1/2			6	4
0	d_1^-	3/2			1	-1	1/2	-1/2			5	10/3
p_2	x_2	1/2	1				1/2	-1/2			5	10
p_3	d_3^-	[3]					-5	5	1	-1	6	2
	p_1					1						
λ_j	p_2						1	1				
	p_3	-3					5	-5		1		

表中 P_3 行的 x_1、d_2^+ 列对应的系数为负数,由于 P_2 行 x_1 列的系数非正,所以 x_1 进基,d_3^- 出基,进一步换基迭代得到表 4 – 5。

表 4 – 5

C_j		0	0	0	0	p_1	p_2	p_2	p_3	0	b	θ
C_B	X_B	x_1	x_2	x_3	d_1^-	d_1^+	d_2^-	d_2^+	d_3^-	d_3^+		
0	x_3			1			2	-2	-1/2	1/2	3	
0	d_1^-				1	-1	3	-3	-1/2	1/2	2	
0	x_2		1				4/3	-4/3	-1/6	1/6	4	
p_3	x_1	1					-5/3	5/3	1/3	-1/3	2	
	p_1					1						
λ_j	p_1						1	1				
	p_2								1			

满意解为 $x_1 = 2$,$x_2 = 4$。由于非基变量 d_3^+ 的检验数为零,所以该问题有无穷多最优解。故以 d_3^+ 为进基变量,d_1^- 为出基变量进行换基迭代得到最优表 4 – 6。

表 4 – 6

C_j		0	0	0	0	p_1	p_2	p_2	p_3	0	b	θ
C_B	X_B	x_1	x_2	x_3	d_1^-	d_1^+	d_2^-	d_2^+	d_3^-	d_3^+		
0	x_3			1	-1	1	-1	1			1	
0	d_3^+				2	-2	6	-6	-1	1	4	

续表 4 − 6

C_B	X_B	x_1	x_2	x_3	d_1^-	d_1^+	d_2^-	d_2^+	d_3^-	d_3^+	b	θ
0	x_2		1		$-1/3$	$1/3$	$1/3$	$-1/3$			$10/3$	
p_3	x_1	1			$2/3$	$-2/3$	$1/3$	$-1/3$			$10/3$	$-$
λ_j	p_1					1						
	p_2							1	1			
	p_3									1		

另一个满意解为 $x_1 = \dfrac{10}{3}$，$x_2 = \dfrac{10}{3}$。

【例 4.7】 将例 4.5 的目标函数变为 $\min Z = P_1(d_1^- + d_1^+) + P_2(d_2^- + 2d_3^+)$，求满意解。

解 本例是在原问题中做了部分改动后再求解，等价于第 2 章介绍的灵敏度分析，求解原理基本相同。以表 4 − 5 为基础，将变化了的优先等级直接反映到该表中，然后用单纯形法进行换基迭代，直到求得新的满意解见表 4 − 7。

表 4 − 7

C_j →		0	0	0	p_1	p_1	p_2	0	0	$2p_2$	b	θ
C_B	X_B	x_1	x_2	x_3	d_1^-	d_1^+	d_2^-	d_2^+	d_3^-	d_3^+		
0	x_3			1			2	-2	$-1/2$	$1/2$	3	$3/2$
0	d_1^-				1	-1	$[3]$	-3	$-1/2$	$1/2$	2	$2/3$
0	x_2		1				$4/3$	$-4/3$	$-1/6$	$1/6$	4	3
p_3	x_1	1					$-5/3$	$5/3$	$1/3$	$-1/3$	2	—
λ_j	p_1					2	-3	3	$1/2$	$-1/2$		
	p_2						p_2			2		
	p_3											
0	x_3			1	$-2/3$	$2/3$			$-1/6$	$1/6$	$5/3$	
p_2	d_2^-				$1/3$	$-1/3$	1	-1	$-1/6$	$1/6$	$2/3$	
0	x_2		1		$-4/9$	$4/9$			$1/18$	$-1/18$	$28/9$	
0	x_1	1			$5/9$	$-5/9$			$1/18$	$-1/18$	$28/9$	
λ_j	p_1				1	1						
	p_2				$-1/3$	$1/3$		1	$1/6$	$11/6$		
	p_3											

满意解为：$x_1 = \dfrac{28}{9}, x_2 = \dfrac{28}{9}$

习　题

4.1　已知某实际问题的线性规划模型为：

$$\max Z = 40x_1 + 30x_2 + 50X_3$$

$$\begin{cases} 3x_1 + x_2 + 2x_3 \leqslant 200 \,(\text{资源 } 1) \\ 2x_1 + 2x_2 + 4x_3 \leqslant 200 \,(\text{资源 } 2) \\ 4x_1 + 5x_2 + x_3 \leqslant 360 \,(\text{资源 } 3) \\ 2x_1 + 3x_2 + 5x_3 \leqslant 300 \,(\text{资源 } 4) \\ x_1, x_2, x_3 \geqslant 0 \end{cases}$$

假定重新确定这个问题的目标为：

(1) 利润不少于 3 200；

(2) x_1, x_2 的比值尽量不超过 1.5；

(3) x_3 尽量达到 30；

(4) 应尽可能充分利用资源 1 和资源 2，但不希望超过现有资源；

(5) 资源 3 和资源 4 只能使用现有材料而不能再购进。

4.2　已知三个企业生产的产品供应四个客户需求，各企业生产量、客户需求量及从各企业到客户的单位产品的运输费用如表 4-8 所示。

表 4-8

企业 ＼ 客户	甲	乙	丙	丁	生产量
A	5	2	6	7	300
B	3	5	4	6	200
C	4	5	2	3	400
需求量	200	100	450	250	

现要制订调运计划，且应依次满足：

(1) 客户丁需求量必须全部满足；

(2) 供应客户甲的产品中，企业 C 的产品不少于 100 单位；

(3) 每个用户满足率不低于 80%；

(4) 因道路限制，从企业 B 到用户丁的路线应尽量避免分配运输任务；

（5）客户甲和客户丙的满足率应尽量保持平衡；

（6）力求总运费最小。

试建立该问题的目标规划数学模型。

4.3 分别用图解法和单纯形法求解下列目标规划问题。

（1）$\min Z = P_1 d_1^- + P_1(d_2^- + d_2^+)$

$$\begin{cases} x_1 + x_2 + d_1^- - d_1^+ = 4 \\ x_1 + 4x_2 + d_2^- - d_2^+ = 8 \\ x_1, x_2 \geq 0, d_i^-, d_i^+ \geq 0, i = 1, 2, 3 \end{cases}$$

（2）$\min Z = P_1(2d_1^+ + d_2^-) + P_2 d_3^-$

$$\begin{cases} x_1 + 2x_2 \leq 6 \\ x_1 - x_2 + d_1^- - d_1^+ = 2 \\ -x_1 + 2x_2 + d_2^- - d_2^+ = 2 \\ x_2 + d_3^- - d_3^+ = 4 \\ x_1, x_2 \geq 0, d_i^-, d_i^+ \geq 0, i = 1, 2, 3 \end{cases}$$

（3）$\min Z = P_1(d_1^- + d_1^+) + P_2(2d_2^+ + d_3^+)$

$$\begin{cases} x_1 - 10x_2 + d_1^- - d_1^+ = 50 \\ 3x_1 + 5x_2 + d_2^- - d_2^+ = 20 \\ 8x_1 + 6x_2 + d_3^- - d_3^+ = 100 \\ x_1, x_2 \geq 0, d_i^-, d_i^+ \geq 0, i = 1, 2, 3 \end{cases}$$

（4）$\min Z = P_1 d_1^- + P_2 d_2^+ + P_3(2d_3^- + d_4^-)$

$$\begin{cases} x_1 + x_2 + d_1^- - d_1^+ = 40 \\ x_1 + x_2 + d_2^- - d_2^+ = 50 \\ x_1 + d_3^- - d_3^+ = 24 \\ x_2 + d_4^- - d_4^+ = 30 \\ x_1, x_2 \geq 0, d_i^-, d_i^+ \geq 0, i = 1, 2, \cdots, 4 \end{cases}$$

4.4 已知目标规划：

$$\min Z = P_1(2d_1^+ + 3d_2^+) + P_2 d_3^- + P_3 d_4^+$$

$$\begin{cases} x_1 + x_2 + d_1^- - d_1^+ = 10 \\ x_1 + d_2^- - d_2^+ = 4 \\ 5x_1 + 3x_2 + d_3^- - d_3^+ = 56 \\ x_1 + x_2 + d_4^- - d_4^+ = 12 \\ x_1, x_2 \geq 0, d_i^-, d_i^+ \geq 0, i = 1, 2, \cdots, 4 \end{cases}$$

（1）分别用图解法和单纯形法求解；

（2）分析目标函数分别变为下面两种情况解的变化。

$$\min Z = P_1(2d_1^+ + 3d_2^+) + P_2 d_4^+ + P_3 d_3^-$$

$$\min Z = P_1 d_3^- + P_2(2d_1^+ + 3d_2^+) + P_3 d_4^+$$

5 运输与指派问题

运输与指派问题是一种特殊的线性规划问题,它们的约束方程组的系数矩阵具有特殊的结构,因此其求解方法独特。

5.1 运输问题的数学模型

人们在从事生产活动中,不可避免地要进行物资调运工作,即某时期把某种产品从若干个产地调运到若干个销地。在已知各地的生产量和需求量及各地之间的运输费用的前提下,如何制定一个运输方案,使总的运输费用最小,这样的问题称为运输问题。

【例 5.1】 现从两个产地 A_1,A_2 将物品运往 B_1,B_2,B_3 三个地区。各产地的产量、各需求地(销地)的需求量及产地到需求地的运价如表 5 – 1 所示,问如何安排运输计划使总的运输费用最小。

表 5 – 1

需求地 产地	B_1	B_2	B_3	供给量/t
A_1	6	4	6	200
A_2	6	5	5	300
需求量/t	150	150	200	合计:500

解 设 $x_{ij}(i=1,2;j=1,2,3)$ 为 i 个产地运往第 j 个需求地的运量,这样得到运输问题的数学模型为:

(1)目标函数为总的运费最小,即:

$$\min Z = 6x_{11} + 4x_{12} + 6x_{13} + 6x_{21} + 5x_{22} + 5x_{23}$$

(2)各产地的供给量与运出量应平衡,即:

$$\begin{cases} 6x_{11} + 4x_{12} + 6x_{13} = 200 \\ 6x_{21} + 5x_{22} + 5x_{23} = 300 \end{cases}$$

(3)各需求地的供给量与需求量应平衡,即:

$$\begin{cases} 6x_{11} + 6x_{21} = 150 \\ 4x_{12} + 5x_{22} = 150 \\ 6x_{13} + 5x_{23} = 200 \end{cases}$$

(4)运量应大于或等于零,即:

$$x_{ij} \geqslant 0, i = 1,2; j = 1,2,3$$

需要注意的是,有些问题表面上与运输问题没有多大关系,但其数学模型的结构与运输问题相同,我们把这类模型也称为运输模型。

已知有 m 个产地 A_i,可供应某种物资,其供应量分别为 $a_i, i = 1,2,\cdots,m$;有 n 个销地 B_j,其需求量分别为 $b_j, j = 1,2,\cdots,n$;从第 i 个产地到第 j 个销地的单位运费(运价)为 c_{ij};假设 x_{ij} 为在产销平衡 $\sum_{i=1}^{m} a_i = \sum_{j=1}^{n} b_j$ 的前提下第 i 个产地到第 j 个销地的运量,则使总运输费用最小的运输问题的数学模型为:

$$\min Z = \sum_{i=1}^{n} \sum_{j=1}^{n} c_{ij} x_{ij} \tag{5-1a}$$

$$\begin{cases} \sum_{j=1}^{n} x_{ij} = a_i & i = 1,2,\cdots,m \tag{5-1b} \end{cases}$$

$$\begin{cases} \sum_{i=1}^{m} x_{ij} = b_j & j = 1,2,\cdots,n \tag{5-1c} \\ x_{ij} \geqslant 0 \end{cases}$$

当目标是利润时,式(5-1a)改为求最大值;当总供应量大于总需求量时,式(5-1b)改为"$\leqslant$"约束;当总供应量小于总需求量时,式(5-1c)改为"$\leqslant$"约束。

通过上述线性规划模型可知,在供需平衡条件下,有 $m + n$ 个等式约束和 mn 个变量,约束条件的系数矩阵 A 有 $m + n$ 行、mn 列。

为了在 mn 个变量中找出一组基变量,下面引用闭回路的概念。

称集合 $\{x_{i_1 j_1}, x_{i_1 j_2}, x_{i_2 j_2}, x_{i_2 j_3}, \cdots, x_{i_s j_s}, x_{i_s j_1}\}$($i_1, i_2, \cdots, i_s; j_1, j_2, \cdots, j_s$ 互不相同)为一个闭回路,集合中的变量称为闭回路的顶点,相邻两个变量的连线为闭回路的边,例如 $\{x_{13}, x_{16}, x_{36}, x_{34}, x_{24}, x_{23}\}$ 以及 $\{x_{11}, x_{14}, x_{34}, x_{31}\}$ 等都是闭回路。一条闭回路中的顶点数一定是偶数,回路遇到顶点必须转 90°才能与另一个顶点连接。

若变量组 $\{x_{i_1 j_1}, x_{i_2 j_2}, \cdots, x_{i_r j_r}\}$ 中某一个变量是它所在行或列中出现的唯一变量,称这个变量是关于变量组的孤立点。很显然,若一个变量组不包含任何闭回路,则变量组必有孤立点;一条闭回路中一定没有孤立点;有孤立点的变量组中不一定没有闭回路。

由于运输问题的数学模型有它的独特性,所以它也有一些特殊的性质。

【**定理 5.1**】 设有 m 个产地 n 个销地且产销平衡的运输问题,则基变量数为 $m+n-1$。

证 记系数矩阵 A 中 x_{ij} 对应的列向量为 P_{ij},由系数矩阵 A 的特征知第 i 个分量及第 $m+j$ 个分量等于 1,其余分量等于 0,即:

$$
P_{ij} = \begin{bmatrix} 0 \\ \vdots \\ 1 \\ \vdots \\ 1 \\ \vdots \\ 0 \end{bmatrix} \begin{matrix} \\ \\ i\ 行 \\ \\ m+j\ 行 \\ \\ \end{matrix}
$$

于是有:

$$
\begin{array}{c}
x_{11} \quad x_{12}\cdots x_{1n}x_{21} \quad x_{22}\cdots x_{2n}\cdots x_{m1}x_{m2}\cdots x_{mn} \\
A = \begin{bmatrix}
1 & 1 & \cdots & 1 & & & & & & & & \\
 & & & & 1 & 1 & \cdots & 1 & & & & \\
 & & & & & & & & \ddots & & & \\
 & & & & & & & & 1 & 1 & \cdots & 1 \\
1 & & & & 1 & & & & 1 & & & \\
 & 1 & & & & 1 & & & & 1 & & \\
 & & \ddots & & & & \ddots & & & & \ddots & \\
 & & & 1 & & & & 1 & \cdots & & & 1 \\
\end{bmatrix}
\end{array}
$$

将式(5-1b)的 m 个约束方程两边相加得:

$$
\sum_{i=1}^{m} \sum_{j=1}^{n} x_{ij} = \sum_{i=1}^{m} a_i
$$

将式(5-1c)的 n 个约束方程两边相加得:

$$
\sum_{j=1}^{n} \sum_{i=1}^{m} x_{ij} = \sum_{j=1}^{n} b_j
$$

由 $\sum_{i=1}^{m} a_i = \sum_{j=1}^{n} b_j$ 知前 m 个约束方程之和等于后 n 个约束方程之和,$m+n$ 个约束方程是相关的,系数矩阵 A 中任意 $m+n$ 阶子式等于零,取第一行到 $m+n-1$ 行与 $x_{1,n},x_{2,n},\cdots,x_{m,n},x_{11},x_{12},\cdots,x_{1,n-1}$ 对应的列(共 $m+n-1$ 列)组成的 $m+n-1$ 阶子式:

$$
\begin{array}{c}
\begin{array}{cccccccc}
x_{1n} & x_{2n} & \cdots & x_{mn} & & x_{11} & x_{12} & \cdots & x_{1n-1}
\end{array}\\
\left[
\begin{array}{cccccccc}
1 & & & & \vdots & 1 & 1 & \cdots & 1 \\
 & 1 & & & \vdots & & & & \\
 & & \ddots & & \vdots & & & & \\
 & & & 1 & \vdots & & & & \\
\cdots & \cdots & \cdots & \cdots & \cdots & \cdots & \cdots & \cdots & \cdots \\
 & & & & \vdots & 1 & & & \\
 & & & & \vdots & & 1 & & \\
 & & & & \vdots & & & \ddots & \\
 & & & & \vdots & & & & 1
\end{array}
\right]
\begin{array}{l}
\left.\rule{0pt}{40pt}\right\} m \text{ 行} \\
\\
\left.\rule{0pt}{40pt}\right\} n-1 \text{ 行}
\end{array}
\end{array}
$$

不等于零,故 $r(A) = m + n - 1$,所以运输问题有 $m+n-1$ 个基变量。

【定理 5. 2】　若变量组 B 包含有闭回路 $C = \{x_{i_1 j_1}, x_{i_1 j_2}, \cdots, x_{i_s j_1}\}$,则 B 中的变量对应的列向量线性相关。

证　将闭回路 C 中列向量分别乘以正负号线性组合后等于零,即:
$$
P_{i_1 j_1} - P_{i_1 j_2} + P_{i_2 j_2} - \cdots - P_{i_s j_1} = 0
$$

因而 C 中的列向量线性相关。由线性代数知,向量组中部分向量组线性相关则该向量组线性相关,所以 B 中列向量线性相关。

由定理 5.2 可知,当一个变量组中不包含有闭回路,则这些变量对应的系数向量线性无关。因此对于运输问题,只要 $m+n-1$ 个变量中不包含闭回路,就可找到一组基变量,从而得到定理 5.3。

【定理 5. 3】　$m+n-1$ 个变量组构成基变量的充要条件是它不包含任何闭回路。

由定理 5.3 知,若要判断一组变量是否为基变量,只要看这组变量是否是 $m+n-1$ 个且是否构成闭回路。

5.2　运输单纯形法

运输单纯形法(或称表上作业法)求运输问题的最优解要比用普通单纯形法求解简单,其求解运输问题的条件是:问题求最小值、产销平衡和运价非负。它是直接在运价表上求解最优解的一种方法,基本求解步骤为:

(1)求初始基本可行解(初始调运方案)。常用的方法有最小元法、元素差额法(Vogel 近似法)、左上角法(西北角法)等;

(2)求检验数并判断其是否为最优解。最优性判别准则与第 1 章介绍的单纯形法一样。常用求检验数的方法有闭回路法和位势法。

（3）调整运量。调整运量即为换基,选一个变量出基,对原运量进行调整得到新的基本可行解,转到第二步。

5.2.1 确定初始基本可行解

与一般线性规划问题不同,任何运输问题都有基本可行解,也有最优解,根据具体情况,可能有唯一最优解也可能有多重最优解,如果供应量和需求量都是整数,则一定可以得到整数最优解。下面介绍几种常用的确定初始基本可行解的方法。

5.2.1.1 最小元素法

这种方法的基本思想是就近优先供应,即对单位运价表中最小运价 c_{ij} 对应的变量 x_{ij} 优先赋值 $x_{ij} = \min\{a_i, b_j\}$,然后对次小运价对应的变量赋值并满足约束,依次下去,直到最后得到一个初始基本可行解。

【例5.2】 求表 5 - 2 所示的运输问题的初始基本可行解。

表 5 - 2

需求地 产地	B_1	B_2	B_3	B_4	产量
A_1	3	11	3	10	7
A_2	1	9	2	8	4
A_3	7	4	10	5	9
需求量	3	6	5	6	20

解 表 5 - 2 中最小元素是 $c_{21} = 1$,令 $x_{21} = \min\{a_2, b_1\} = \min\{4, 3\} = 3$,将 3 填在 c_{21} 的下方,并在 x_{11} 和 x_{31} 的位置分别打上" × ",表示 A_2 供应 3 个单位给 B_1,且 B_1 已经满足需求,如表 5 - 3 所示。

表 5 - 3

需求地 产地	B_1		B_2	B_3	B_4	产量
A_1	×	3	11	3	10	7
A_2	3	1	9	2	8	4
A_3	×	7	4	10	5	9
需求量	3		6	5	6	20

在表 5 - 3 没有分配的元素中,最小元素是 $c_{23} = 2$,令 $x_{23} = \min\{1, 5\} = 1$,将 1 填在 c_{23} 的下方,在 x_{22}, x_{24} 处打上" × ",表示 A_2 供应 1 个单位给 B_3,且 A_2

已经没有剩余量,B_3 还差 4 个单位没有达到需求量,如表 5 - 4 所示。

表 5 - 4

需求地 产地	B_1		B_2		B_3		B_4		产量
A_1	×	3	11		3		10		7
A_2	3	1	×	9	1	2	×	8	4
A_3	×	7	4		10		5		9
需求量	3		6		5		6		20

按照上述步骤依次进行下去,结果见表 5 - 5。

表 5 - 5

需求地 产地	B_1		B_2		B_3		B_4		产量
A_1	×	3	×	11	4	3	3	10	7
A_2	3	1	×	9	1	2	×	8	4
A_3	×	7	6	4	×	10	3	5	9
需求量	3		6		5		6		20

表 5 - 5 中除了打"×"的变量共有 $m + n - 1 = 3 + 4 - 1 = 6$ 个,且不构成闭回路,因此 $\{x_{13}, x_{14}, x_{21}, x_{23}, x_{32}, x_{34}\}$ 是一组基变量,打"×"的变量是非基变量。得到一组基本可行解为:

$$x = \begin{bmatrix} & & 4 & 3 \\ 3 & & 1 & \\ & 6 & & 3 \end{bmatrix}$$

则总运费:

$$Z = 3 \times 4 + 10 \times 3 + 1 \times 3 + 2 \times 1 + 4 \times 6 + 5 \times 3 = 86$$

【例 5.3】 求表 5 - 6 给出的运输问题的初始基本可行解。

表 5 - 6

需求地 产地	B_1	B_2	B_3	B_4	产量
A_1	2	7	3	11	20
A_2	8	4	6	9	10
A_3	4	3	10	5	50
需求量	30	25	10	15	80

解 用最小元素法求解,结果见表 5 – 7。

表 5 – 7

需求地 产地	B₁		B₂		B₃		B₄		产量
A₁	20	2	×	7	×	3	×	11	20
A₂	×	8	×	4	10	6	×	9	10
A₃	10	4	25	3	×	10	5	5	50
需求量	30		25		10		15		80

得到的基变量个数为 $5 < m + n - 1 = 3 + 4 - 1 = 6$,出现这种情况的原因是在确定 x_{34} 时同时划去了第三行和第四列。为了避免这种情况,必须要在打"×"变量处选一个变量作为基变量,令其运量等于 0,如选 $x_{24} = 0$,得到退化解,见表 5 – 8。

表 5 – 8

需求地 产地	B₁		B₂		B₃		B₄		产量
A₁	20	2	×	7	×	3	×	11	20
A₂	×	8	×	4	10	6	0	9	10
A₃	10	4	25	3	×	10	15	5	50
需求量	30		25		10		15		80

5.2.1.2 元素差额法(Vogel 近似法)

最小元素法有时为了节省某一处的费用,可能会导致其他处运费很大,考虑到这一点,元素差额法对最小元素法进行了改进。产地到销地的最小运价和次小运价之间存在差额,差额越大,说明如不能按最小运费调运,运费增加就越多,因此对差额最大处就应当采用最小运费调运。基于此,元素差额法的步骤是:

(1)求出每行和每列次小运价和最小运价之差,分别记为 $u_i (i = 1, 2, \cdots, m)$ 和 $v_j (j = 1, 2, \cdots, n)$;

(2)找出所有行或列差额的最大值 $L = \max\{u_i, v_j\}$,并且安排差额 L 对应行或列的最小运价处优先调运;

(3)在剩下的运价中重复进行步骤(1)和(2),直到最后全部调运完毕。

【例 5.4】 用元素差额法求解例 5.2 中表 5 – 2 的基本可行解。

解 求行差额 $u_i = \{0,1,1\}$，求列差额 $v_j = \{2,5,1,3\}$，则 $\max\{u_i, v_j\} = \{0,1,1;2,5,1,3\} = 5$，即 $v_2 = 5$ 最大，第二列的最小运价 $c_{32} = 4$，令 $x_{32} = \min\{a_3, b_2\} = \{9,6\} = 6$，在 x_{12} 和 x_{22} 处打"×"，结果如表 5-9 所示。

表 5-9

需求地 产地	B_1		B_2		B_3	B_4	产量	u_i
A_1	3	×	11		3	10	7	0
A_2	1	×	9		2	8	4	1
A_3	7		6	4	10	5	9	1
需求量	3		6		5	6	20	
v_j	2		【5】		1	3		

在表 5-9 中，因为 B_2 已经满足需求，所以只求 u_1, u_2, u_3 以及 v_1, v_3, v_4 即可。经计算在剩下的元素中差额最大的是 $v_4 = 3$，第四列最小运价 $c_{34} = 5$，令 $x_{34} = \min\{a_3, b_4\} = \min\{9-6, 6\} = 3$，在 x_{31}, x_{33} 处打"×"，计算结果如表 5-10 所示。

表 5-10

需求地 产地	B_1		B_2		B_3		B_4		产量	u_i
A_1	3		×	11		3	10		7	0
A_2	1		×	9		2	8		4	1
A_3	×	7	6	4	×	10	3	5	9	2
需求量	3		6		5		6		20	
v_j	2		—		1		【3】			

按照上述步骤依次进行下去，结果见表 5-11。

表 5-11

需求地 产地	B_1		B_2		B_3		B_4		产量	u_i
A_1	×	3	×	11	5	3	2	10	7	—
A_2	3	1	×	9	×	2	1	8	4	—
A_3	×	7	6	4	×	10	3	5	9	—
需求量	3		6		5		6		20	
v_j	—		—		—		【2】			

表 5–11 的基变量正好为 $m+n-1=3+4-1=6$ 个且不包含闭回路,基本可行解为:

$$x = \begin{bmatrix} & & 5 & 2 \\ 3 & & & 1 \\ & 6 & & 3 \end{bmatrix}$$

则总运费:

$$Z = 3 \times 5 + 10 \times 2 + 1 \times 3 + 8 \times 1 + 4 \times 6 + 5 \times 3 = 85$$

比较例 5.2 和例 5.4 的最小值可知,元素差额法求得的初始基本可行解比用最小元素法得到的初始基可行解更优。

5.2.1.3 左上角法(西北角法)

左上角法就是对单位运价表中左上角处的运价 c_{ij} 对应的变量 x_{ij} 优先赋值 $x_{ij} = \min\{a_i, b_j\}$,当行或列分配完毕后,再对表中余下部分的左上角赋值,依次下去,直到右下角的元素分配完毕。当同时分配完一行和一列时,仍然应在打"×"的位置上选一个变量作为基变量,使其运量为零,以保证基变量数为 $m+n-1$。

【例 5.5】 用左上角法求解例 5.2 中表 5–2 的初始基本可行解。

解 左上角的元素是 x_{11},则 $x_{11} = \min\{7,3\} = 3$ 且在 x_{21}, x_{31} 处打"×",如表 5–12 所示。

表 5–12

产地 \ 需求地	B$_1$		B$_2$	B$_3$	B$_4$	产量
A$_1$	3	3	11	3	10	7
A$_2$	×	1	9	2	8	4
A$_3$	×	7	4	10	5	9
需求量	3		6	5	6	20

在表 5–12 余下第一、二、三行及第二、三、四列中,左上角的元素为 x_{12},$x_{12} = \min\{7-3,6\} = 4$,在 x_{13}, x_{14} 处打"×"。依次向右下角安排运量,结果如表 5–13 所示。

表 5 – 13

需求地 产地	B₁		B₂		B₃		B₄		产量
A₁	3	3	4	11	×	3	×	10	7
A₂	×	1	2	9	2	2	×	8	4
A₃	×	7	×	4	3	10	6	5	9
需求量		3		6		5		6	

表 5 – 13 给出的变量恰好是 6 个,且没有闭回路,基本可行解为:

$$x = \begin{bmatrix} 3 & 4 & & \\ & 2 & 2 & \\ & & 3 & 6 \end{bmatrix}$$

则总运费:

$$Z = 3 \times 3 + 11 \times 4 + 9 \times 2 + 2 \times 2 + 10 \times 3 + 5 \times 6 = 135$$

从左上角法的基本思想可以看出,求运输问题的初始基本可行解的方法很多,如左下角、右上角、逐行(列)最小元素法等,只要得到的解满足约束条件,满足基变量个数是 $m + n - 1$ 且不包含闭回路就可得到一个基本可行解。

5.2.2 求检验数

判断初始运输方案是否为最优方案,仍然是用检验数来判别。因运输问题的目标函数都是求最小值,所以当所有检验数 $\lambda_{ij} \geq 0$ 时,运输方案达到最优。下面介绍求检验数的两种方法:闭回路法和位势法。

5.2.2.1 闭回路法

这种方法求非基变量检验数的步骤为:

(1)在基本可行解矩阵中,以该非基变量为起点,以基变量为其他顶点,找一条闭回路;

(2)由起点开始,分别在顶点上交替标上代数符号 +、–、+、–、…、–;

(3)用代数符号乘以相应的运价,代数和即为检验数。

下面介绍一下检验数的经济含义。假设给出初始基本可行解的表 5 – 5 中的 x_{11} 不是非基变量,将 x_{11} 增加一个单位变为 $x_{11} = 1$,为了保持产销平衡,应该使 x_{13} 减少一个单位,x_{23} 增加一个单位,x_{21} 减少一个单位,即构成了以非基变量 x_{11} 为起点,基变量 x_{13}, x_{23}, x_{21} 为其他顶点的闭回路。总运费的变化量 $\Delta Z = 3 - 3 + 2 - 1 = 1 = \lambda_{11}$,所以 λ_{11} 的含义就是当 x_{11} 增加一个单位后总运费的变化量 ΔZ。

由检验数的经济含义可知,当所有非基变量的检验数都大于零时,说明不能增加任何非基变量的值,这时的基本可行解就是最优解;当某个非基变量的检验数 $\lambda_{lk} < 0$ 时,说明可以增加 x_{lk} 的值使总运费下降,这时的基本可行解不是最优解,需要对运输方案进行调整。

只要求得的基变量是正确的,且为 $m+n-1$ 个,则某个非基变量的闭回路存在且唯一,相应的检验数也就唯一。

【例 5.6】 求下列运输问题的一个初始基本可行解及其检验数。矩阵中的元素为运价,右边的元素为产量,下方的元素为销量。

$$\begin{bmatrix} 9 & 12 & 9 & 6 \\ 7 & 3 & 7 & 7 \\ 6 & 5 & 9 & 11 \end{bmatrix} \begin{matrix} 50 \\ 60 \\ 50 \end{matrix}$$
$$\quad 40 \quad 40 \quad 60 \quad 20$$

解 用最小元素法得到下列一组基本可行解为:

$$x = \begin{bmatrix} \times & \times & 30 & 20 \\ \times & 40 & 20 & \times \\ 40 & \times & 10 & \times \end{bmatrix}$$

矩阵中打"×"的位置是非基变量,其余是基变量,这里只求非基变量的检验数。

求 λ_{11} 时,找出 x_{11} 的闭回路 $\{x_{11}, x_{31}, x_{33}, x_{13}\}$,对应的运价为 $\{c_{11}, c_{31}, c_{33}, c_{13}\}$,将正负号交替标在各个运价处得到 $\{+c_{11}, -c_{31}, +c_{33}, -c_{13}\}$,求和得到:

$$\lambda_{11} = 9 - 6 + 9 - 9 = 3$$

同理可求出其他非基变量的检验数为:

$$\lambda_{12} = 12 - 3 + 7 - 9 = 7$$
$$\lambda_{21} = 7 - 6 + 9 - 7 = 3$$
$$\lambda_{24} = 7 - 6 + 9 - 7 = 3$$
$$\lambda_{32} = 5 - 9 + 7 - 3 = 0$$
$$\lambda_{34} = 11 - 6 + 9 - 9 = 5$$

所有的 $\lambda_{ij} \geq 0$ ($i = 1, 2, 3; j = 1, 2, 3, 4$),说明这组基本可行解是最优解。由于 $\lambda_{32} = 0$,由第 1 章可知该问题具有多重最优解。

5.2.2.2 位势法

这种方法求检验数是根据对偶理论推导出来的,设平衡运输问题为:

$$\min Z = \sum_{i=1}^{m} \sum_{j=1}^{n} c_{ij} x_{ij}$$

$$\begin{cases} \sum_{j=1}^{n} x_{ij} = a_i & i = 1,2,\cdots,m \\ \sum_{i=1}^{m} x_{ij} = b_j & j = 1,2,\cdots,n \\ x_{ij} \geqslant 0 \end{cases}$$

设前 m 个约束对应的对偶变量为 $u_i(i=1,2,\cdots,m)$，后 n 个约束对应的对偶变量为 $v_j(j=1,2,\cdots,n)$，则对偶问题为：

$$\max Z = \sum_{i=1}^{m} a_i u_i + \sum_{j=1}^{n} b_j v_j$$

$$\begin{cases} u_i + v_j \leqslant C_{ij} & i = 1,2,\cdots,m; j = 1,2,\cdots,n \\ u_i, v_j \text{ 无约束} \end{cases}$$

加入松弛变量 x'_{ij} 将约束会为等式：

$$u_i + v_j + x'_{ij} = C_{ij}$$

令原问题基变量 X_B 的下标集合为 B 知，原问题 x_{ij} 的检验数是对偶问题的松弛变量 x'_{ij}，所以有：

$$\lambda_{ij} = x'_{ij} = C_{ij} - u_i - v_j \tag{5-2}$$

由基变量的检验数为 0，所以有：

$$u_i + v_j = C_{ij} \qquad (i,j) \in B \tag{5-3}$$

一般令 $u_1 = 0$，先利用式（5-3）求得 u_i 和 v_j 的一组解，再利用式（5-2）求得非基变量的检验数。u_i 和 v_j 为运输问题关于基变量组 $\{x_{ij}\}$ 的对偶解，或称位势（u_i 为行位势，v_j 为列位势）。不同的变量组 $\{x_{ij}\}$ 的取值不同，得到不同的位势，u_i 和 v_j 具有无穷多组解，但对同一组基变量来说，所得的检验数是唯一的并与闭回路法求得的检验数相同。

【例 5.7】 用位势法求例 5.6 给出的初始基本可行解的检验数。

解 （1）求位势 u_1, u_2, u_3 及 v_1, v_2, v_3, v_4，其中 c_{ij} 是基变量对应的运价。基变量共有 6 个，因此有 6 个等式方程：

$$u_1 + v_3 = C_{13} = 9$$
$$u_1 + v_4 = C_{14} = 6$$
$$u_2 + v_2 = C_{22} = 3$$
$$u_2 + v_3 = C_{23} = 7$$
$$u_3 + v_1 = C_{31} = 6$$
$$u_3 + v_3 = C_{33} = 9$$

令 $u_1 = 0$，得到位势的解为：

$$\begin{cases} u_1 = 0 \\ u_2 = -2 \\ u_3 = 0 \end{cases} \quad \begin{cases} v_1 = 6 \\ v_2 = 5 \\ v_3 = 9 \\ v_4 = 6 \end{cases}$$

由公式 $\lambda_{ij} = C_{ij} - (u_i + v_j)$ 求出非基变量的检验数为：

$$\lambda_{11} = C_{11} - (u_1 + v_1) = 9 - (0 + 6) = 3$$
$$\lambda_{12} = C_{12} - (u_1 + v_2) = 12 - (0 + 5) = 7$$
$$\lambda_{21} = C_{21} - (u_2 + v_1) = 7 - (-2 + 6) = 3$$
$$\lambda_{24} = C_{24} - (u_2 + v_4) = 7 - (-2 + 6) = 3$$
$$\lambda_{32} = C_{32} - (u_3 + v_2) = 5 - (0 + 5) = 0$$
$$\lambda_{34} = C_{34} - (u_3 + v_4) = 11 - (0 + 6) = 5$$

计算结果与例 5.6 相同。

5.2.3 调整运量

当某个检验数小于零时，需要调整运量，从而改进运输方案，改进方法为闭回路法，其步骤为：

（1）确定进基变量。

选 $\lambda_{lk} = \min\{\lambda_{ij} | \lambda_{ij} < 0\}$ 对应的变量 x_{lk} 进基。

（2）确定出基变量。

在进基变量 x_{lk} 的闭回路中，将标有负号的最小运量 θ 对应的基变量为出基变量，并打上"×"以表示其为非基变量。

（3）调整运量，在进基变量的闭回路中，将标有负号的最小运量作为调整运量 θ，标有正号的变量加上 θ，标有负号的变量减去 θ，其余变量不变，然后求新的基本可行解中非基变量的检验数，若全部检验数大于零，停止运算，若存在某个检验数 $\lambda_{lk} < 0$，则重复步骤（1）和（2）。

在确定出基变量时，当出现两个或两个以上最小运量 θ，在其中任选一个作为出基变量（非基变量），其他 θ 对应的变量仍为基变量，运量为零，得到退化基本可行解。在例 5.3 中求初始基本可行解时，如果同时划去一行一列，导致最后基变量个数少于 $m + n - 1$，此时需要在同时划去的一行一列对应打"×"的位置上标上一个"0"，此时也出现退化解。

注：运输单纯形法计算过程中，运量调整后必须将所有非基变量的检验数重新求一次。

【例 5.8】 求下列运输问题的最优解：

$$\begin{bmatrix} 2 & 7 & 3 & 11 \\ 8 & 4 & 6 & 9 \\ 4 & 3 & 10 & 5 \end{bmatrix} \begin{matrix} 20 \\ 20 \\ 40 \end{matrix}$$

$$30 \quad 25 \quad 10 \quad 15$$

解 用最小元素法求得初始基本可行解见表 5－14。

表 5－14

需求地 产地	B₁		B₂		B₃		B₄		产量
A₁	20	2	×	7	×	3	×	11	20
A₂	×	8	×	4	10	6	10	9	20
A₃	10	4	25	3	×	10	5	5	40
需求量	30		25		10		15		80

用闭回路法求非基变量的检验数为：

$$\lambda_{12} = 7 - 3 + 4 - 2 = 6$$
$$\lambda_{13} = 3 - 6 + 9 - 5 + 4 - 2 = 3$$
$$\lambda_{14} = 11 - 5 + 4 - 2 = 8$$
$$\lambda_{21} = 8 - 4 + 5 - 9 = 0$$
$$\lambda_{22} = 4 - 3 + 5 - 9 = -3$$
$$\lambda_{33} = 10 - 5 + 9 - 6 = 8$$

因为 $\lambda_{22} = -3 < 0$ 且为最小者，故选 x_{22} 进基。x_{22} 的闭回路是 $\{x_{22}, x_{24}, x_{34}, x_{32}\}$，标负号的变量是 x_{24} 和 x_{32}，取最小运量：

$$\theta = \min\{x_{24}, x_{32}\} = \min\{10, 25\} = 10$$

故 x_{24} 出基，x_{22} 和 x_{34} 加上 10，x_{24} 和 x_{32} 减去 10，并在 x_{24} 处打上 "×" 作为非基变量，其余变量的值不变，调整后的方案见表 5－15。

表 5－15

需求地 产地	B₁		B₂		B₃		B₄		产量
A₁	20	2	×	7	×	3	×	11	20
A₂	×	8	10	4	10	6	×	9	20
A₃	10	4	15	3	×	10	15	5	40
需求量	30		25		10		15		80

重新求所有非基变量的检验数得:

$$\lambda_{12}=6,\lambda_{13}=0,\lambda_{14}=8,\lambda_{21}=3,\lambda_{24}=3,\lambda_{33}=5$$

所有检验数 $\lambda_{ij}\geq 0$,所以得到最优解为:

$$X=\begin{bmatrix}20 & & & \\ & 10 & 10 & \\ 10 & 15 & & 15\end{bmatrix}$$

最小运费:

$$Z=2\times 20+4\times 10+6\times 10+4\times 10+3\times 15+5\times 15=300$$

由 $\lambda_{13}=0$ 知,该问题具有多重最优解,求另一最优解的方法是令 x_{13} 进基,并在 x_{13} 的闭回路 $\{x_{13},x_{23},x_{22},x_{32},x_{31},x_{11}\}$ 上按上述方法调整运量,得到另一个最优解:

$$X^{(1)}=\begin{bmatrix}10 & & 10 & \\ & 20 & & \\ 20 & 5 & 10 & 15\end{bmatrix}$$

5.2.4 最大值问题

当运输问题的目标函数求最大值时,有两种求解方法。

(1)所有非基变量的检验数 $\lambda_{ij}\leq 0$ 时最优。在求初始运输方案时可采用最大元素法或西北角法。

(2)将极大化问题转化为极小化问题。设极大化问题的运价表为 $C=(c_{ij})_{m\times n}$,用一个较大的数 M(一般令 $M=\max\{c_{ij}\}$)去减每一个 c_{ij} 得到矩阵 $C'=(c'_{ij})_{m\times n}$,其中 $c'_{ij}=M-c_{ij}\geq 0$。将 C' 作为极小化问题的运价表,目标函数值为 $Z=\sum_{i=1}^{m}\sum_{j=1}^{n}c'_{ij}x_{ij}$,用前面介绍的运输单纯形法就可求出最优解。

【例 5.9】 下列矩阵 C 是 A_i 到 B_j 的货物运输单位利润,运输部门如何安排运输方案使总利润最大?

$$C=\begin{bmatrix}2 & 5 & 8 \\ 9 & 10 & 7 \\ 6 & 5 & 4\end{bmatrix}\begin{matrix}9 \\ 10 \\ 12\end{matrix}$$
$$\qquad 8\quad 14\quad 9$$

解 取 $M=\max\{c_{ij}\}=c_{22}=10$,则有 $C'_{ij}=10-C_{ij}$:

$$C'=\begin{bmatrix}8 & 5 & 2 \\ 1 & 0 & 3 \\ 4 & 5 & 6\end{bmatrix}\begin{matrix}9 \\ 10 \\ 12\end{matrix}$$
$$\qquad 8\quad 14\quad 9$$

用最小元素法求初始方案得：

$$X = \begin{bmatrix} \times & \times & 9 \\ \times & 10 & \times \\ 8 & 4 & 0 \end{bmatrix}$$

用闭回路法求得各非基变量的检验数为：

$$\lambda_{11} = 8, \lambda_{12} = 4, \lambda_{21} = 2, \lambda_{23} = 2$$

所以该方案即为最优运输方案，最大利润为：

$$Z = 8 \times 9 + 10 \times 10 + 6 \times 8 + 5 \times 4 = 240$$

5.2.5　不平衡运输问题

在实际问题中常常会遇到总产量和总销量不相等的情况，即产销不平衡，这时就需要把产销不平衡问题化成产销平衡问题。

（1）产大于销时，即 $\sum\limits_{i=1}^{m} a_i > \sum\limits_{j=1}^{n} b_j$，数学模型为：

$$\min Z = \sum_{i=1}^{m} \sum_{j=1}^{n} c_{ij} x_{ij}$$

$$\begin{cases} \sum\limits_{j=1}^{n} x_{ij} \leqslant a_i & i = 1, 2, \cdots, m \\ \sum\limits_{i=1}^{m} x_{ij} = b_j & j = 1, 2, \cdots, n \\ x_{ij} \geqslant 0 \end{cases}$$

由于总产量大于总销量，必有部分剩余产量就地库存，即每个产地虚设一个仓库，库存量为 $x_{i,n+1}(i = 1, 2, \cdots, m)$，则总的库存量为：

$$b_{n+1} = x_{1,n+1} + x_{2,n+1} + \cdots + x_{m,n+1} = \sum_{i=1}^{m} a_i - \sum_{j=1}^{n} b_j$$

假设 b_{n+1} 是一个虚设的销地 B_{n+1} 的销量，令各产地到 B_{n+1} 的运价为零，则不平衡运输为题等价于运输平衡问题：

$$\min Z = \sum_{i=1}^{m} \sum_{j=1}^{n} c_{ij} x_{ij}$$

$$\begin{cases} \sum\limits_{j=1}^{n+1} x_{ij} = a_i & i = 1, 2, \cdots, m \\ \sum\limits_{i=1}^{m} x_{ij} = b_j & j = 1, 2, \cdots, n+1 \\ x_{ij} \geqslant 0 \end{cases}$$

(2)当销大于产时,即 $\sum_{i=1}^{m} a_i < \sum_{j=1}^{n} b_j$,数学模型为:

$$\min Z = \sum_{i=1}^{m} \sum_{j=1}^{n} c_{ij} x_{ij}$$

$$\begin{cases} \sum_{j=1}^{n} x_{ij} = a_i & i = 1,2,\cdots,m \\ \sum_{i=1}^{m} x_{ij} \leqslant b_j & j = 1,2,\cdots,n \\ x_{ij} \geqslant 0 \end{cases}$$

由于总销量大于总产量,这时可虚设一个产地 A_{m+1} ,产量为:

$$a_{m+1} = x_{m+1,1} + x_{m+1,2} + \cdots + x_{m+1,n} = \sum_{j=1}^{n} b_j - \sum_{i=1}^{m} a_i$$

a_{m+1} 是 A_{m+1} 到 B_j 的运量,令 A_{m+1} 到各销地的运价为零,则不平衡运输问题等价于运输平衡问题:

$$\min Z = \sum_{i=1}^{m} \sum_{j=1}^{n} c_{ij} x_{ij}$$

$$\begin{cases} \sum_{j=1}^{n} x_{ij} = a_i & i = 1,2,\cdots,m+1 \\ \sum_{i=1}^{m+1} x_{ij} = b_j & j = 1,2,\cdots,n \\ x_{ij} \geqslant 0 \end{cases}$$

【例5.10】 求表5-16极小化运输问题的最优解。

表5-16   元/t

需求地 产地	B₁	B₂	B₃	a_i
A₁	6	4	6	200
A₂	6	5	5	300
b_j	250	200	200	500 / 650

解 由于 $\sum_{i=1}^{2} a_i = 500 < \sum_{j=1}^{3} 650$,即销大于产,虚设一个产地 A_3 ,产量 $a_3 = 650 - 500 = 150$, $c_{3j} = 0 (j = 1,2,3)$,得到表5-17。

表 5 – 17

需求地 产地	B₁	B₂	B₃	a_i
A₁	6	4	6	200
A₂	6	5	5	300
A₃	0	0	0	150
b_j	250	200	200	650

用元素差额法求初始基本可行解,见表 5 – 18。

表 5 – 18

需求地 产地	B₁	B₂	B₃	a_i
A₁	0	200		200
A₂	100		200	300
A₃	150			150
b_j	250	200	200	650

由闭回路法求得所有检验数 $\lambda_{ij} > 0$,得到表 5 – 18 的运输方案最优,最小运费:

$$Z = 0 \times 6 + 4 \times 200 + 6 \times 100 + 5 \times 200 + 0 \times 150 = 2\,400$$

5.2.6 需求量不确定的运输问题

【例 5.11】 求下列极小化运输问题的最优解,其中 B_1 的需求量为 $20 \leqslant b_1 \leqslant 60$,$B_2$ 的需求量为 $50 \leqslant b_2 \leqslant 70$,$B_3$ 和 B_4 的需求量分别为 $b_3 = 35$ 和 $b_4 = 45$。

$$\begin{bmatrix} 5 & 9 & 2 & 3 \\ - & 4 & 7 & 8 \\ 3 & 6 & 4 & 2 \\ 4 & 8 & 10 & 11 \end{bmatrix} \begin{matrix} 60 \\ 40 \\ 30 \\ 50 \end{matrix}$$

解 (1)总产量为 180,B_1,B_2,B_3,B_4 的最低需求量为 $20 + 50 + 35 + 45 = 150$,这时产大于销,最高需求量为 $60 + 70 + 35 + 45 = 210$,这时销大于产。

(2)虚设一个产地 A_5,产量为 $210 - 180 = 30$,A_5 的产量只能供应 B_1 和 B_2。

(3)将 B_1 和 B_2 各分成 B_1^1、B_1^2 和 B_2^1、B_2^2 两部分,B_1^1 与 B_1^2 的需求量分别为

20 和 40, B_2^1 与 B_2^2 的需求量分别为 50 和 20,因此 B_1^1 与 B_2^1 必须由 $A_1, A_2, A_3,$ A_4 供应, B_1^2 与 B_2^2 可由 A_1, A_2, A_3, A_4, A_5 供应。

(4)上述 A_5 不能供应某需求地的运价用 M 表示, A_5 到 B_1^2 与 B_2^2 的运价为零,得到如表 5-19 所示的产销平衡表。

表 5-19

	B_1^1	B_1^2	B_2^1	B_2^2	B_3	B_4	a_i
A_1	5	5	9	9	2	3	60
A_2	M	M	4	4	7	8	40
A_3	3	3	6	6	4	2	30
A_4	4	4	8	8	10	11	50
A_5	M	0	M	0	M	M	30
b_j	20	40	50	20	35	45	210

用运输单纯形法求得最优解

$$X = \begin{bmatrix} & & & & 35 & 25 \\ & & 40 & & & \\ 0 & & 10 & & & 20 \\ 20 & 30 & & & & \\ & 10 & & 20 & & \end{bmatrix}$$

最优解中 $x_{31}^1 = 0$,说明这组解是退化基本可行解。B_1, B_2, B_3, B_4 实际收到的产品数量分别为 50, 50, 35 和 45 个单位。

5.2.7 中转问题

在将产地 A_i 的物资运送到销地 B_j 的过程中,不一定是直接送达销地,而是通过其他产地、销地及中间转运地 T_k 后送达销地,此类问题称为中转问题。

假设有 m 个供应地 A_i, n 个需求地 A_j, r 个中转站 A_k,记 A_i 到 A_j 为 (i, j),单位运价记为 c_{ij},不可到达的运价记为 M,本地到达本地的运价为 0。设 x_{ij} 为在产销平衡即 $\sum_{i=1}^{m} a_i = \sum_{j=1}^{n} b_j$ 的前提下 A_i 到 A_j 的运量,则使总运输费用最小的中转运输问题的数学模型为:

$$\min Z = \sum_{(i,j)} c_{ij} x_{ij}$$

$$\begin{cases} \sum_{\text{流出量}} x_{ij} - \sum_{\text{流入量}} x_{ij} = a_i & i = 1,2,\cdots,m \quad \text{发点 } A_i \quad (5-4a) \\[3mm] \sum_{\text{流出量}} x_{kj} - \sum_{\text{流入量}} x_{ik} = 0 & k = 1,2,\cdots,r \quad \text{中间点 } A_k \quad (5-4b) \\[3mm] \sum_{\text{流入量}} x_{ij} - \sum_{\text{流出量}} x_{ij} = b_j & j = 1,2,\cdots,n \quad \text{收点 } A_j \quad (5-4c) \\[3mm] x_{ij} \geqslant 0 & i,j = 1,2,\cdots,m+n+r \end{cases}$$

当产大于销时,将式(5-4a)改为"$\leqslant$"约束;当销大于产时,将式(5-4c)改为"$\leqslant$"约束。

用运输单纯形法求解中转运输问题时可把原问题看成是产地和销地数都为 $m+n+r$ 个,并且需要将其转化成产销平衡表。各地产量的确定:产地的产量等于 a_i 加总产量,销地和中转地的产量均等于总产量。各地需求量的确定:销地的需求量等于 b_j 加总需求量,产地与中转地的需求量等于总需求量。

【例 5.12】 某公司在大连和广州有两个分厂,大连分厂每月生产 400 台某种产品,广州分厂每月生产 600 台该产品。该公司在上海和天津有两个销售公司负责对南京、济南、南昌和青岛四个城市的供应,又因为大连与青岛相距较近,公司也同意大连分厂直接向青岛供货,这些城市间的产品运输费用标在两个城市间的弧上,问如何调运使总运费最低?

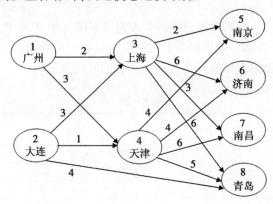

图 5-1

解 设 x_{ij} 为 i 到 j 的运量,如 x_{36} 表示从上海到济南的产品数量,则数学模型为

$$\begin{aligned} \min Z = {}& 2x_{13} + 3x_{14} + 3x_{23} + x_{24} + 4x_{28} + 2x_{35} + 6x_{36} + \\ & 3x_{37} + 6x_{38} + 4x_{45} + 4x_{46} + 6x_{47} + 5x_{48} \end{aligned}$$

$$\begin{cases} x_{13} + x_{14} = 600 \\ x_{23} + x_{24} + x_{28} = 400 \\ x_{35} + x_{36} + x_{37} + x_{38} - x_{13} - x_{23} = 0 \\ x_{45} + x_{46} + x_{47} + x_{48} - x_{14} - x_{24} = 0 \\ x_{35} + x_{45} = 200 \\ x_{36} + x_{46} = 150 \\ x_{37} + x_{47} = 350 \\ x_{28} + x_{38} + x_{48} = 300 \\ x_{ij} \geqslant 0 \qquad i,j = 1,2,\cdots,8 \end{cases}$$

5.3 指派问题

5.3.1 指派问题的数学模型

指派问题(Assignment Problem)也称分配或配置问题,是资源合理配置或最优匹配问题。例如,将销售人员分配到不同的地区,将合同分配给投标人等都属于指派问题。

【例5.13】 人事部门欲安排四个人完成四项工作,所消耗的时间(单位:min)如表5-20所示。要求每个人只能完成一项工作且每项工作只能由一个人完成,问人事部门应如何安排才能使消耗的时间最短。

表5-20

工作 人员	A	B	C	D
甲	37	43	33	29
乙	33	33	29	25
丙	34	42	38	30
丁	37	35	30	29

解 此工作分配问题可以采用枚举法求解,分配方法有4! $=4 \times 3 \times 2 \times 1 = 24$ 种。由于分配方案是人数的阶乘,当人数和工作数较多时,计算量会很大。考虑到上述情况,可用0-1规划模型描述该问题。设:

$$x_{ij} = \begin{cases} 1 & \text{分配第 } i \text{ 人做 } j \text{ 工作} \\ 0 & \text{不分配第 } i \text{ 人做 } j \text{ 工作} \end{cases}$$

其中 $i,j = 1,2,3,4$。则目标函数为:

$$\min Z = 37x_{11} + 43x_{12} + 33x_{13} + 29x_{14} +$$
$$33x_{21} + 33x_{22} + 29x_{23} + 25x_{24} +$$
$$34x_{31} + 42x_{32} + 38x_{33} + 30x_{34} +$$
$$37x_{41} + 35x_{42} + 30x_{43} + 29x_{44} +$$

要求每人完成一项工作的约束条件为：

$$\begin{cases} x_{11} + x_{12} + x_{13} + x_{14} = 1 \\ x_{21} + x_{22} + x_{23} + x_{24} = 1 \\ x_{31} + x_{32} + x_{33} + x_{34} = 1 \\ x_{41} + x_{42} + x_{43} + x_{44} = 1 \end{cases}$$

要求每项工作只能安排一个人的约束条件为：

$$\begin{cases} x_{11} + x_{21} + x_{31} + x_{41} = 1 \\ x_{12} + x_{22} + x_{32} + x_{42} = 1 \\ x_{13} + x_{23} + x_{33} + x_{43} = 1 \\ x_{14} + x_{24} + x_{34} + x_{44} = 1 \end{cases}$$

观察例 5.13 的模型,既属于第 3 章的 0 - 1 规划模型,又是运输模型的特例。该运输模型中的产量和销量等于"1",运输量等于 0 或 1,得到指派模型。

表 5 - 20 称为效率表,指派问题求最大值或最小值由效率表的含义确定。假设 m 个人恰好做 m 项工作,第 i 个人做第 j 项工作的效率为 $c_{ij} \geqslant 0$,效率矩阵为 $|c_{ij}|$,如何分配工作使效率最佳(min 或 max)的指派问题的数学模型为：

$$\min(\max)Z = \sum_{i=1}^{m} \sum_{j=1}^{n} c_{ij}x_{ij}$$

$$\begin{cases} \sum_{j=1}^{m} x_{ij} = 1 & i = 1, 2, \cdots, m \\ \sum_{i=1}^{m} x_{ij} = 1 & j = 1, 2, \cdots, m \\ x_{ij} = 0 \text{ 或 } 1 \end{cases}$$

5.3.2 匈牙利算法

用整数规划方法或运输单纯形法都可以求得指派问题的最优解,但计算量较大。匈牙利数学家克尼格(D. Konig)证明了定理 5.4 和定理 5.5,基于这两个定理,解分配问题的计算方法被称为匈牙利算法。匈牙利算法求指派问题的条件是:问题求最小值、人数和工作数相等以及效率非负。

【定理 5.4】 如果从分配问题效率矩阵 $|c_{ij}|$ 的每一行元素中分别减去

(或加上)一个常数 u_i(称为该行的位势),从每一列分别减去(或加上)一个常数 v_j(称为该列的位势),得到一个新的效率矩阵 $|b_{ij}|$,其中 $b_{ij} = c_{ij} - u_i - v_j$,则 $|b_{ij}|$ 的最优解等价于 $|c_{ij}|$ 的最优解,其中 c_{ij} 及 b_{ij} 均非负。

【定理 5.5】 若矩阵 A 的元素可分成"0"与非"0"两部分,则覆盖零元素的最少直线数等于位于不同行不同列的零元素(称为独立元素)的最大个数。

由定理 5.5 知,如果最少直线数等于 m,则存在 m 个独立的零元素,令这些零元素对应的 x_{ij} 等于 1,其余变量等于 0,这时目标函数值等于零,得到最优解。

通过定理 5.4,可将效率表中的某些元素转换为 m 个独立的零元素,通过定理 5.5,可以判别出效率表中有多少个独立的零元素。

【例 5.14】 某大型工程有五个工程项目,现有五家建筑能力相当的建筑公司分别获得中标承建。已知五个建筑公司的报价 c_{ij}(百万元)见表 5-21,应怎样分配建造任务才能使总的建造费用最小。

表 5-21

工程 公司	A	B	C	D	E
甲	4	8	7	15	12
乙	7	9	17	14	10
丙	6	9	12	8	7
丁	6	7	14	6	10
戊	6	9	12	10	6

解 第一步:变换系数矩阵。

找出效率矩阵中每行的最小元素,分别从每行中减去最小元素,得:

$$\begin{matrix} & & & & & \min \\ \begin{bmatrix} 4 & 8 & 7 & 15 & 12 \\ 7 & 9 & 17 & 14 & 10 \\ 6 & 9 & 12 & 8 & 7 \\ 6 & 7 & 14 & 6 & 10 \\ 6 & 9 & 12 & 10 & 6 \end{bmatrix} & \begin{matrix} 4 \\ 7 \\ 6 \\ 6 \\ 6 \end{matrix} \Rightarrow & \begin{bmatrix} 0 & 4 & 3 & 11 & 8 \\ 0 & 2 & 10 & 7 & 3 \\ 0 & 3 & 6 & 2 & 1 \\ 0 & 1 & 8 & 0 & 4 \\ 0 & 3 & 6 & 4 & 0 \end{bmatrix} \end{matrix}$$

找出矩阵每列的最小元素,分别从每列中减去该最小元素,得:

$$\begin{bmatrix} 0 & 4 & 3 & 11 & 8 \\ 0 & 2 & 10 & 7 & 3 \\ 0 & 3 & 6 & 2 & 1 \\ 0 & 1 & 8 & 0 & 4 \\ 0 & 3 & 6 & 4 & 0 \end{bmatrix} \Rightarrow \begin{bmatrix} 0 & 3 & 0 & 11 & 8 \\ 0 & 1 & 7 & 7 & 3 \\ 0 & 2 & 3 & 2 & 1 \\ 0 & 0 & 5 & 0 & 4 \\ 0 & 2 & 3 & 4 & 0 \end{bmatrix}$$

min　0　1　3　0　0

第二步:用最少的直线覆盖所有"0"得:

$$\begin{bmatrix} 0 & 3 & 0 & 11 & 8 \\ 0 & 1 & 7 & 7 & 3 \\ 0 & 2 & 3 & 2 & 1 \\ 0 & 0 & 5 & 0 & 4 \\ 0 & 2 & 3 & 4 & 0 \end{bmatrix}$$

第三步:这里直线数等于 $4 < m = 5$,要进行下一轮计算。

(1)从矩阵未被直线覆盖的数字中找出一个最小数 k 并且减去 k,矩阵中 $k = 1$。

(2)直线相交处的元素加上 k,被直线覆盖而没有相交的元素不变。

(3)回到第二步画线,最少直线数为 $5 = m$ 条,得到矩阵:

$$\begin{bmatrix} 1 & 3 & 0 & 11 & 9 \\ 0 & 0 & 6 & 6 & 3 \\ 0 & 1 & 2 & 1 & 1 \\ 1 & 0 & 5 & 0 & 5 \\ 0 & 1 & 2 & 3 & 0 \end{bmatrix}$$

表明矩阵中存在 5 个不同行不同列的零元素,令这些零元素对应的变量 x_{ij} 等于 1,其余变量等于 0,得到最优解:

$$X = \begin{bmatrix} & & & 1 & \\ & 1 & & & \\ 1 & & & & \\ & & & 1 & \\ & & & & 1 \end{bmatrix}$$

即最优方案为项目 A 由丙公司完成,项目 B 由乙公司完成,项目 C 由甲公司完成,项目 D 由丁公司完成,项目 E 由戊公司完成。最小费用:

$$Z = 7 + 9 + 6 + 6 + 6 = 34(百万元)$$

下面介绍一种简单的画线及找独立的零元素的方法。

(1)检查效率矩阵 C 的每行、每列,在零元素最少的行(列)中任选一个零元素并对其打上括号,将该"0"所在行、列其他零元素全部打上"×",同时对打括号及"×"的零元素所在行或列画一条直线。

(2)重复步骤(1),在剩下的没有被直线覆盖的行、列中再找最少的零元素,打上括号、打上"×"及画线,直到所有的零元素被直线覆盖。

(3)如果效率矩阵每行(或列)都有一个打括号的零元素,则上述步骤得到的打括号的零元素都位于不同行不同列,令对应打括号零元素的变量 x_{ij} 等于1就得到了问题的最优解;如果效率矩阵中打括号的零元素个数小于 m,再利用定理5.4对矩阵进行变换。

5.3.3 特殊指派问题

在实际应用中,常常会遇到求最大值、人数与任务数不相等以及不可接受的配置(某个人不能完成某项任务)等特殊指派问题,处理方法是将它们进行适当变换使其满足用匈牙利算法的条件,然后再求解。

指派问题求最大值的情况。设极大化问题的效率矩阵 $C = (c_{ij})$,令矩阵 $B = (b_{ij}) = (M - c_{ij})$(通常令 M 等于效率矩阵 C 中的最大元素),则以 B 为系数矩阵的极小化指派问题和以 C 为系数矩阵的极大化指派问题有相同的最优解。

指派问题的人数和任务数不相等的情况。设分配问题中人数为 m,任务数为 n,当 $m > n$ 时虚拟 $m - n$ 项任务,对应的效率为0;当 $m < n$ 时,虚拟 $n - m$ 个人,对应的效率为0,将原问题化为人数与任务数相等的平衡问题再求解。

某人一定不能完成某项任务时,若原问题求最小值,令对应的效率为一个大 M 即可;若原问题求最大值,令对应的效率为0即可。

【例5.15】 某企业根据地域的需求计划在四个区域设立四个专业卖场,考虑的商品有电器、服装、食品、家具及计算机5个类别。通过市场调查,家具卖场不宜设在丙处,计算机卖场不宜设在丁处,不同商品投资到各点的年利润(万元)预测值见表5-22,该企业如何做出投资决策才能使年利润最大。

表5-22

地点商品	甲	乙	丙	丁
电器	120	300	360	400
服装	80	350	420	260
食品	150	160	380	300
家具	90	200	—	180
计算机	220	260	270	—

解 (1)令 $c_{43} = c_{54} = 0$;

(2)令 $M = 420$,转换成求最小值问题,得到效率表(机会损失表);

(3)虚拟一个地点戊,转换成平衡指派问题。

转换后得到表 5 – 23。

表 5 – 23

地点 商品	甲	乙	丙	丁	戊
电器	300	120	60	20	0
服装	340	70	0	160	0
食品	270	260	40	120	0
家具	330	220	420	240	0
计算机	200	160	150	420	0

用匈牙利算法求得最优解为

$$X = \begin{bmatrix} & & & & 1 \\ & 1 & & & \\ & & 1 & & \\ & & & 1 & \\ 1 & & & & \end{bmatrix}, Z = 1\ 350$$

最优投资方案为地点甲投资计算机卖场,地点乙投资服装卖场,地点丙投资食品卖场,地点丁投资电器卖场,年利润总额预测值为 1 350 万元。

习 题

5.1 讨论下列各题。

(1)运输问题和指派问题的数学模型有哪些相同和区别;

(2)如何运用 Vogel 近似法求极大化运输问题的初始解;

(3)如果将指派问题的效率矩阵每行(列)乘以一个大于零的数 k,最优解是否变化。

5.2 分别用最小元素法和元素差额法求表 5 – 24 和表 5 – 25 所示运输问题的初始基本可行解,比较不同的求解方法对应的目标值的不同。

表 5 – 24

	A	B	C	D	a_i
甲	10	6	7	12	4
乙	16	10	5	9	9
丙	5	4	10	10	4
b_j	5	2	4	6	

表 5 – 25

	A	B	C	D	a_i
甲	5	3	8	6	16
乙	10	7	12	15	24
丙	17	4	8	9	30
b_j	20	25	10	15	

5.3 求表 5 – 26 和表 5 – 27 所示的最小化运输问题的最优方案。要求表 5 – 26 用闭回路法求检验数,表 5 – 27 用位势法求检验数。

表 5 – 26

	A	B	C	D	a_i
甲	3	7	6	4	5
乙	2	4	3	2	2
丙	4	3	8	5	3
b_j	3	3	2	2	

表 5 – 27

	A	B	C	D	a_i
甲	4	12	4	11	16
乙	2	10	3	9	10
丙	8	5	11	6	22
b_j	8	14	12	14	48

5.4 求下列运输问题的最优解。

(1) C_1 目标函数求最大值   (2) C_2 目标函数求最小值

$$C_1 = \begin{bmatrix} 8 & 17 & 9 & 12 \\ 9 & 15 & 11 & 10 \\ 12 & 19 & 6 & 9 \end{bmatrix} \begin{matrix} 20 \\ 50 \\ 20 \end{matrix}$$

$$\begin{matrix} 25 & 15 & 30 & 20 \end{matrix}$$

$$C_2 = \begin{bmatrix} 10 & 20 & 5 & 9 & 10 \\ 2 & 10 & 8 & 30 & 6 \\ 1 & 20 & 7 & 10 & 4 \\ 8 & 6 & 3 & 7 & 5 \end{bmatrix} \begin{matrix} 5 \\ 6 \\ 2 \\ 9 \end{matrix}$$

$$\begin{matrix} 4 & 4 & 6 & 2 & 4 \end{matrix}$$

(3) C_3 目标函数最小值。B_1 的需求量为 $0 \leqslant b_1 \leqslant 300$,$B_2$ 的需求量为 250,B_3 的需求量为 $b_3 \geqslant 270$。

$$\begin{bmatrix} 15 & 18 & 22 \\ 21 & 25 & 16 \end{bmatrix} \begin{matrix} 400 \\ 450 \end{matrix}$$

5.5　汽车客运公司有豪华、中档和普通三种型号的客车 5 辆、10 辆和 15 辆,每辆车上均载客 40 人,汽运公司每天要送 400 人到 B_1 城市,送 600 人到 B_2 城市。每辆客车每天只能送一次,从客运公司到 B_1 和 B_2 城市的票价如表 5-28 所示。

(1)试建立总收入最大的车辆调度方案数学模型;

(2)写出平衡运价表;

(3)求最优调运方案。

表 5-28

	甲(豪华)	乙(中档)	丙(普通)
到 B_1 城市/(元/人)	80	60	50
到 B_2 城市/(元/人)	65	50	40

5.6　某厂按合同规定须于当年每个季度末分别提供 10,15,25,20 台同一规格的柴油机。已知该厂四个季度的生产能力分别为 25,35,30,10 台,对应的生产成本为 10.8,11.1,11,11.3 万元。如果生产出来的柴油机当季不能交货的,每台每积压一个季度需储存、维护等费用 0.15 万元。试安排这四个季度的生产计划,使既能按合同如期交货,又使总费用最小。

5.7　求解下列最小化指派问题,其中第(2)题某人要做两项工作,其余 3 人每人做一项工作。

$$(1) \quad C = \begin{bmatrix} 10 & 5 & 7 & 8 \\ 8 & 9 & 9 & 11 \\ 12 & 11 & 12 & 13 \\ 6 & 8 & 9 & 15 \end{bmatrix}$$

$$(2) \quad C = \begin{bmatrix} 26 & 38 & 41 & 52 & 27 \\ 25 & 33 & 44 & 59 & 21 \\ 20 & 30 & 47 & 56 & 25 \\ 22 & 31 & 45 & 53 & 20 \end{bmatrix}$$

5.8　求解下列最大值的指派问题。

$$(1)\begin{bmatrix} 4 & 8 & 7 & 15 & 12 \\ 12 & 9 & 2 & 14 & 10 \\ 6 & 9 & 12 & 8 & 7 \\ 11 & 7 & 17 & 6 & 10 \\ 6 & 9 & 12 & 10 & 6 \end{bmatrix} \qquad (2)\ C = \begin{bmatrix} 9 & 6 & 5 & 10 \\ 4 & - & 8 & 5 \\ 7 & 10 & 9 & 12 \\ 6 & 15 & 7 & 16 \\ 9 & 8 & 6 & 8 \end{bmatrix}$$

6 动态规划

前面几章讨论的问题和时间的推移没有关系,问题没有明显的阶段性,这一类问题称之为静态规划。例如:线性规划,整数规划。有些规划问题与时间有密切关系,整个优化过程是有阶段性的,而且常常包含若干个相互联系的阶段,每个阶段都要作出决策。一个阶段的决策不仅影响该阶段本身的效率,也影响下一阶段的起始状态,从而也就影响了整个优化过程。因此,对于这样的多阶段决策问题,不能再使用"静态"的方法。

动态规划研究动态系统。动态系统的特征是系统中包含有随时间变化的因素和变量,整个过程可以分为若干个相互联系的阶段,而且每个阶段都要做出决策。因此,动态规划所涉及的是多阶段决策过程的最优化问题。动态规划是一种适用于许多类型问题的数学方法,但是它仅仅是一种"方法",而不是一种"算法"。动态规划与线性规划不同的是,应用动态规划时,不存在标准的,统一的数学模式。因此,它要求使用者必须对具体问题进行具体分析处理,而且需要对动态规划问题的一般结构有较深入的了解以后,才能判断何时使用这种方法,以及如何使用这种方法。动态规划的方法,在工程技术、企业管理、工农业生产以及军事等部门中都有广泛的应用,并且都取得了显著的成效。其中在企业管理方面,动态规划可以用来解决最短路径问题、资源分配问题、生产调配问题、库存问题、载货问题、排序问题、设备更新问题、生产过程最优控制问题等。

动态规划(Dynamic Programming)是求多阶段决策问题最优解的一种数学方法,是解决多阶段决策问题的一种思路。

6.1 动态规划数学模型

6.1.1 动态规划的原理

【**例 6.1**】 如图 6 - 1 所示,弧边上的权为两点间的距离,求点 v_1 到 v_{10} 的最短路线及最短路长。

该问题可以用本章介绍的动态规划求解,具体求解过程稍后给出,现对照图 6 -1 引出有关基本概念。

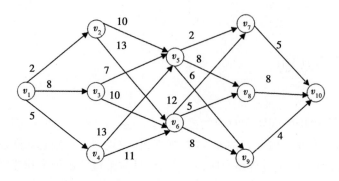

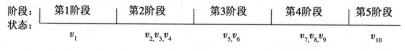

图 6-1

例 6.1 的最短路问题具有下列特征：

（1）问题具有多阶段决策的特征。如图 6-1 按空间划分为 4 个阶段，图中第 5 个阶段是虚拟的一个边界阶段。

（2）每一阶段都有相应的"状态"与之对应。如图 6-1 所示，各阶段的状态为上一阶段的结束点，或该阶段的起点组成的集合。第 1 阶段的状态为 v_1，第 2 阶段的状态为 v_2, v_3, v_4，第 3 阶段的状态为 v_5, v_6，第 4 阶段的状态为 v_7，v_8, v_9，第 5 阶段的状态为 v_{10}，也是问题的结束。

（3）每一阶段的某个状态都面临有若干个决策，选择不同的决策将会得到下一阶段不同的状态，同时，不同的决策将会得到这一阶段不同的距离。

如图 6-1 的第 1 阶段状态 v_1，其决策是到达下一阶段点的选择。状态 v_1 有 3 种选择，决策允许集合为 $\{v_2, v_3, v_4\}$，也是第 2 阶段的状态集合。又如第 2 阶段状态 v_3，到下一阶段的选择有 v_5 和 v_6，决策允许集合为 $\{v_5, v_6\}$。同一阶段各状态的决策集合可能相同也可能不同。

（4）每一阶段的最短路长（最优解）问题可以递推地归结为下一阶段各个可能状态的最优解问题，各子问题与原问题具有完全相同的结构。

动态规划解决问题的关键是将问题归结为一个递推过程，建立一个递推指标函数求最优解。如果不能建立递推函数则动态规划方法无效。

图 6-1 的递推指标函数为：

$$V_k = V_k(s_k, x_k, x_{k+1}, \cdots, x_n) = v_k(s_k, x_k) + V_{k+1}$$

最优指标函数为：

$$f_k(s_k) = \min_{x_k \in D_k(s_k)} \{v_k(s_k, x_k) + f_{k+1}(s_{k+1})\} \tag{6-1}$$

式中,$f_k(s_k)$ 为阶段 k 状态为 s_k 时到终点 v_{10} 的最短距离;$f_{k+1}(s_{k+1})$ 为 $k+1$ 阶段状态为 s_{k+1} 到终点 v_{10} 的最短距离;$v_k(s_k,x_k)$ 是状态为 s_k 选择决策 x_k 时,s_k 到 x_k 的距离;$D_k(s_k)$ 为状态 s_k 的决策集合。

式(6-1)的递推关系理解为:阶段 k 状态为 s_k 到终点 v_{10} 的最短距离归结为该状态选择决策 x_k 后的距离 $v_k(s_k,x_k)$ 加上 x_k 到 v_{10} 的最短距离求最小值。例如求 v_3 到 v_{10} 的最短距离 $f_2(v_3)$ 为:

$$f_2(v_3) = \min_{x_2 \in \{v_5,v_6\}} \{v_2(v_3,v_5) + f_3(v_5), v_2(v_3,v_6) + f_3(v_6)\}$$

当求出 $k+1$ 阶段各状态的最优解(到终点的最短距离),利用式(6-1)就可以求出第 k 阶段各状态的最优解,依次类推,最后求出第 1 阶段状态 v_1 的最优解(v_1 到 v_{10} 的最短距离)。

式(6-1)是动态规划的基本方程或称为最优性方程,$f_{k+1}(s_{k+1})$ 同样可以写成式(6-1)相同的形式,这里将 $f_{k+1}(s_{k+1})$ 嵌入到 $f_k(s_k)$ 中,动态规划的这种特殊形式叫做不变嵌入。

式(6-1)还描述了动态规划的最优性原理:如果点 x_k 到终点 v_{10} 的最短路线通过点 v_{k+1},则点 v_{k+1} 到终点 v_{10} 的最短路线也在这条路线上。

动态规划基本原理是将一个问题的最优解转化为求子问题的最优解,研究的对象是决策过程的最优化,其变量是流动的时间或变动的状态,最后达到整体最优。

基本原理一方面说明原问题的最优解中包含子问题的最优解,另一方面给出了一种求解问题的思路,将一个难以直接解决的大问题,分割成一些规模较小的相同子问题,每一个子问题只解一次,并将结果保存起来以后直接引用,避免每次碰到时都要重新计算,以便各个击破,分而治之,是一种解决最优化问题的算法策略。

动态规划求解可分为三个步骤:分解、求解与合并。

6.1.2 基本概念

动态规划数学模型由阶段、状态、决策与策略、状态转移方程及指标函数 5 个要素组成。

(1)阶段(Stage):表示决策顺序的时间序列,阶段可以按时间或空间划分,阶段数 k 可以是确定数、不定数或无限数。

(2)状态(State):描述决策过程当前特征并且具有无后效性的量。状态可以是数量,也可以是字符,数量状态可以是连续的,也可以是离散的。每一状态可以取不同值,状态变量记为 S_k。各阶段所有状态组成的集合称为状态集。

状态的无后效性是指给定某一阶段状态后,决策过程由此阶段开始以后的演变不受此阶段以前历史状态的影响。

(3)决策(Decision):从某一状态向下一状态过渡时所做的选择。决策变量记为 x_k,x_k 是所在状态 s_k 的函数。

在状态 s_k 下,允许采取决策的全体称为决策允许集合,记为 $D_k(S_k)$。各阶段所有决策组成的集合称为决策集。

策略(Strategy):从第 1 阶段开始到最后阶段全过程的决策构成的序列称为策略,第 k 阶段到最后阶段的决策序列称为子策略。

图 6-1 中,策略就是点 v_1 到 v_{10} 的一条路线,共有 18 个策略(18 条路线)。最优策略是点 v_1 到 v_{10} 的最短路线。子策略可以是其他点到 v_{10} 的路线,显然策略也是子策略。

(4)状态转移方程(State transformation function):某一状态以及该状态下的决策,与下一状态之间的函数关系,记为 $s_{k+1} = T(s_k, x_k)$。

某一阶段的状态与下一阶段的状态有某种对应关系,是状态的转移规律,与所处状态及选择的决策有关。如图 6-1 中,$k+1$ 阶段的状态等于 k 阶段某个状态下的决策。

(5)指标函数或收益函数(Return function):是衡量对决策过程进行控制的效果的数量指标,具体可以是收益、成本、距离等指标。分为 k 阶段指标函数,k 子过程指标函数及最优指标函数。

从 k 阶段状态 s_k 出发,选择决策 x_k 所产生的第 k 阶段指标,称为 k 阶段指标函数,记为 $v_k(s_k, x_k)$。从 k 阶段状态 s_k 出发,选择决策 $x_k, x_{k+1}, \cdots, x_n$ 所产生的第 k 阶段指标,称为 k 子过程指标函数,记为 $v_k(s_k, x_k, x_{k+1}, \cdots, x_n)$ 或 V_k,n 为阶段数。从 k 阶段状态 s_k 出发,对所有的子策略,最优的过程指标函数称为最优指标函数,记为 $f_k(s_k)$,通常取 V_k 的最大值或最小值。

在图 6-1 中,$v_k(s_k, x_k)$ 的含义是在状态 s_k 下选择决策 x_k 时的距离,如 $v_2(v_4, v_5) = 13$。V_k 的含义是在状态 s_k 下选择某一条路线到 v_{10}(决策序列)的距离,如 $v_2(v_3, v_6, v_8, v_{10}) = 10 + 5 + 8 = 23$。

动态规划要求子过程指标满足递推关系:

$$V_k(s_k, x_k, x_{k+1}, \cdots, x_n) = V_k[v(s_k, x_k), V_{k+1}(s_{k+1}, x_{k+1}, \cdots, x_n)] \qquad (6-2)$$

常用的指标函数有连和形式和连乘形式。连和形式为:

$$\begin{aligned} V_k &= V_k(s_k, x_k, x_{k+1}, \cdots, x_n) \\ &= v_k(s_k, x_k) + V_k(s_{k+1}, x_{k+1}, \cdots, x_n) \qquad (6-3) \\ &= \sum_{j=k}^{n-1} v_j(s_j, x_j) + V_n \end{aligned}$$

连乘形式为($v_j \neq 0$):

$$
\begin{aligned}
V_k &= V_k(s_k, x_k, x_{k+1}, \cdots, x_n) \\
&= v_k(s_k, x_k) \cdot V_k(s_{k+1}, x_{k+1}, \cdots, x_n) \\
&= \prod_{j=k}^{n-1} v_j(s_j, x_j) \cdot V_n
\end{aligned} \qquad (6-4)
$$

例 6.1 的指标函数属于连和形式。

最优指标函数是某一点到 v_{10} 的最短距离。最优指标函数 $f_k(s_k)$ 是取式 (6-3)或式(6-4)的最优值。

式(6-3)的最优指标函数是:

$$
f_k(s_k) = \underset{x_k \in D_k(s_k)}{Opt} \{ v_k(s_k, x_k) + f_{k+1}(s_{k+1}) \}, k = 1, 2, \cdots, n \qquad (6-5)
$$

式(6-4)的最优指标函数是:

$$
f_k(s_k) = \underset{x_k \in D_k(s_k)}{Opt} \{ v_k(s_k, d_k) \cdot f_{k+1}(s_{k+1}) \}, k = 1, 2, \cdots, n \qquad (6-6)
$$

上式中的 *Opt* 是 *optimization* 的缩写,表示"max"或"min"。式(6-3)至式(6-6)就是动态规划的基本方程。为了使递推方程有递推起点,需要确定最后一个状态 s_n 的最优指标 $f_n(s_n)$ 的值,称 $f_n(s_n)$ 为终端条件。一般地,连和形式 $f_n(s_n) = 0$,连乘形式 $f_n(s_n) = 1$。但也有例外,如式(6-3)和式(6-4)中的 V_n 不等于 0 或 1。在图 6-1 中,添加一个阶段 5,终端条件是终点 v_{10} 到 v_{10} 的距离,即 $f_5(s_5) = 0$。

动态规划数学模型由式(6-5)或式(6-6)、边界条件及状态转移方程构成。如连和形式的数学模型为:

$$
\begin{cases}
f_k(s_k) = \underset{x_k \in D_k(s_k)}{Opt} \{ v_k(s_k, x_k) + f_{k+1}(s_{k+1}) \}, k = 1, 2, \cdots, n \\
f_n(s_n) = 0 \\
s_{k+1} = T(s_k, x_k)
\end{cases}
$$

由式(6-5)和式(6-6)的形式知,计算顺序是从最后一个阶段开始到第一阶段结束,这种方法称为逆序法。也可以将基本方程改为向前递推,如式(6-1)改为:

$$
f_k(s_k) = \underset{x_k \in D_k(s_k)}{\min} \{ v_k(s_k, x_k) + f_{k-1}(s_{k-1}) \}
$$

当计算顺序是从第一阶段开始到最后一个阶段结束,这种方法称为顺序法。

现在用逆序法列表求解例 6.1。

$$
k = n = 5 \ \text{时}, f_5(v_{10}) = 0
$$

$k = 4$,递推方程为

$$f_4(s_4) = \min_{x_4 \in D_4(s_4)} \{v_4(s_4,x_4) + f_5(s_5)\}$$

$f_5(s_5)$ 到 $f_4(s_4)$ 的递推过程见表 6-1。

表 6-1

s_4	$D_4(s_4)$	s_5	$v_4(s_4,x_4)$	$v_4(s_4,x_4)+f_5(s_5)$	$f_4(s_4)$	最优决策 x_4^*
v_7	$v_7 \rightarrow v_{10}$	v_{10}	5	$5+0=5^*$	5	$v_7 \rightarrow v_{10}$
v_8	$v_8 \rightarrow v_{10}$	v_{10}	8	$8+0=8^*$	8	$v_8 \rightarrow v_{10}$
v_9	$v_9 \rightarrow v_{10}$	v_{10}	4	$4+0=4^*$	4	$v_9 \rightarrow v_{10}$

第 4 阶段各状态的决策唯一,最优值等于对应的距离。

$k=3$,递推方程为

$$f_3(s_3) = \min_{x_3 \in D_3(s_3)} \{v_3(s_3,x_3) + f_4(s_4)\}$$

$f_4(s_4)$ 到 $f_3(s_3)$ 的递推过程见表 6-2。

表 6-2

s_3	$D_3(s_3)$	s_4	$v_3(s_3,x_3)$	$v_3(s_3,x_3)+f_4(s_4)$	$f_3(s_3)$	最优决策 x_3^*
v_5	$v_5 \rightarrow v_7$	v_7	2	$2+5=7^*$		
	$v_5 \rightarrow v_8$	v_8	8	$8+8=16$	7	$v_5 \rightarrow v_7$
	$v_5 \rightarrow v_9$	v_9	6	$6+4=10$		
v_6	$v_6 \rightarrow v_7$	v_7	12	$12+5=17$		
	$v_6 \rightarrow v_8$	v_8	5	$5+8=13$	12	$v_6 \rightarrow v_9$
	$v_6 \rightarrow v_9$	v_9	8	$8+4=12^*$		

$k=2$,递推方程为

$$f_2(s_2) = \min_{x_2 \in D_2(s_2)} \{v_2(s_2,x_2) + f_3(s_3)\}$$

$f_3(s_3)$ 到 $f_2(s_2)$ 的递推过程见表 6-3。

表 6-3

s_2	$D_2(s_2)$	s_3	$v_2(s_2,x_2)$	$v_2(s_2,x_2)+f_3(s_3)$	$f_2(s_2)$	最优决策 x_2^*
v_2	$v_2 \rightarrow v_5$	v_5	10	$10+7=17^*$	17	$v_2 \rightarrow v_5$
	$v_2 \rightarrow v_6$	v_6	13	$13+12=25$		
v_3	$v_3 \rightarrow v_5$	v_5	7	$7+7=14^*$	14	$v_3 \rightarrow v_5$
	$v_3 \rightarrow v_6$	v_6	10	$10+12=22$		
v_4	$v_4 \rightarrow v_5$	v_5	13	$13+7=20^*$	20	$v_4 \rightarrow v_5$
	$v_4 \rightarrow v_6$	v_6	11	$11+12=23$		

$k=1$,递推方程为

$$f_1(s_1) = \min_{x_1 \in D_1(s_1)} \{v_1(s_1,x_1) + f_2(s_2)\}$$

$f_2(s_2)$ 到 $f_1(s_1)$ 的递推过程见表 6-4。

表 6-4

s_1	$D_1(s_1)$	s_2	$v_1(s_1,x_1)$	$v_1(s_1,x_1)+f_2(s_2)$	$f_1(s_1)$	最优决策 x_1^*
	$v_1 \rightarrow v_2$	v_2	2	$2+17=19\,^*$		
v_1	$v_1 \rightarrow v_3$	v_3	8	$8+14=22$	19	$v_1 \rightarrow v_2$
	$v_1 \rightarrow v_4$	v_4	5	$5+20=25$		

第 1 阶段计算结束,表明已得到最优策略,最优值是表 6-4 中 $f_1(s_1)$ 的值,从 v_1 到 v_{10} 的最短路长为 19。最短路线从表 6-4 到表 6-1 回溯,查看最后一列最优决策,得到最短路径 $v_1 \rightarrow v_2 \rightarrow v_5 \rightarrow v_7 \rightarrow v_{10}$。

直接在图上计算更为简单,见图 6-2。

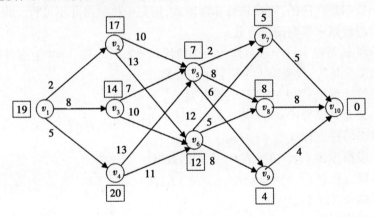

图 6-2

6.2 资源分配问题

资源分配问题是将数量一定的一种或若干种资源(原材料、资金、设备、劳动力等),合理地分配给若干使用者,使总收益最大。

【例 6.2】 公司有资金 8 万元,投资 A,B,C 三个项目,单位投资为 2 万元。每个项目的投资效益率与投入该项目的资金有关。三个项目 A,B,C 的投资效益(万元)和投入资金(万元)的关系见表 6-5。求对三个项目的最优投资分配,使总投资效益最大。

表 6 - 5

项目 投入资金	A	B	C
2 万元	8	9	10
4 万元	15	20	28
6 万元	30	35	35
8 万元	38	40	43

解 设 x_k 为第 k 个项目的投资,该问题的静态规划模型为

$$\max Z = v_1(x_1) + v_2(x_2) + v_3(x_3)$$

$$\begin{cases} x_1 + x_2 + x_3 = 8 \\ x_j = 0,2,4,6,8 \end{cases}$$

$v_k(x_k)$ 为第 k 个项目投资 x_k 的收益,具体数据见表 6 - 5。模型的变量和收益函数都是离散的,直接求解非常困难,用完全枚举法并不可行。将问题转化为动态规划求解则简单有效。

阶段 k:每投资一个项目作为一个阶段,$k = 1,2,3,4$。$k = 4$ 为虚设阶段

状态变量 s_k:投资第 k 个项目的资金数

决策变量 x_k:第 k 个项目的投资额

决策允许集合:$0 \leqslant x_k \leqslant s_k$

状态转移方程:$s_{k+1} = s_k - x_k$

阶段指标:$v_k(s_k, x_k)$ 见表 6 - 5 中的数据

递推方程:$f_k(x_k) = \max\{v_k(s_k, x_k) + f_{k+1}(s_{k+1})\}$

终端条件:$f_4(s_4) = 0$

数学模型为:

$$f_k(x_k) = \max\{v_k(s_k, x_k) + f_{k+1}(s_{k+1})\}, k = 3,2,1$$

$$\begin{cases} s_{k+1} = s_k - x_k \\ f_4(x_4) = 0 \\ x_k = 0,2,4,6,8, k = 1,2,3 \end{cases}$$

$k = 4$,终端条件 $f_4(s_4) = 0$。

$k = 3, 0 \leqslant x_3 \leqslant s_3, s_4 = s_3 - x_3$。第 3 阶段表示投资项目 A, B 后再投资项目 C, s_3 表示投资完项目 A, B 后能用于投资项目 C 的资金。计算过程见表 6 - 6。

表 6 - 6

状态 s_3	决策 $x_3(s_3)$	状态转移方程 $s_4 = s_3 - x_3$	阶段指标 $v_3(s_3,x_3)$	过程指标 $v_3(s_3,x_3)+f_4(s_4)$	最优指标 $f_3(s_3)$	最优决策 x_3^*
0	0	0	0	$0 + 0 = 0$	0	0
2	0	2	0	$0 + 0 = 0$	10	2
	2	0	10	$10 + 0 = 10^*$		
4	0	4	0	$0 + 0 = 0$	28	4
	2	2	10	$10 + 0 = 10$		
	4	0	28	$28 + 0 = 28^*$		
6	0	6	0	$0 + 0 = 0$	35	6
	2	4	10	$10 + 0 = 10$		
	4	2	28	$28 + 0 = 28$		
	6	0	35	$35 + 0 = 35^*$		
8	0	8	0	$0 + 0 = 0$	43	8
	2	6	10	$10 + 0 = 10$		
	4	4	28	$28 + 0 = 28$		
	6	2	35	$35 + 0 = 35$		
	8	0	43	$43 + 0 = 43^*$		

表 6 - 6 的最优决策说明将剩余资金全部投入项目 C。

$k = 2, 0 \leqslant x_2 \leqslant s_2, s_3 = s_2 - x_2$，计算过程见表 6 - 7。

表 6 - 7

s_2	$x_2(s_2)$	s_3	$v_2(s_2,x_2)$	$f_3(s_3)$	$v_2(s_2,x_2)+f_3(s_3)$	$f_2(s_2)$	x_2^*
0	0	0	0	0	$0 + 0 = 0$	0	0
2	0	2	0	10	$0 + 10 = 10^*$	10	0
	2	0	9	0	$9 + 0 = 9$		
4	0	4	0	28	$0 + 28 = 28^*$	28	0
	2	2	9	10	$9 + 10 = 19$		
	4	0	20	0	$20 + 0 = 20$		

续表 6 – 7

s_2	$x_2(s_2)$	s_3	$v_2(s_2,x_2)$	$f_3(s_3)$	$v_2(s_2,x_2)+f_3(s_3)$	$f_2(s_2)$	x_2^*
6	0	6	0	35	0 + 35 = 35	37	2
	2	4	9	28	9 + 28 = 37 *		
	4	2	20	10	20 + 10 = 30		
	6	0	35	0	35 + 0 = 35		
8	0	8	0	43	0 + 43 = 43	48	4
	2	6	9	35	9 + 35 = 44		
	4	4	20	28	20 + 28 = 48 *		
	6	2	35	10	35 + 10 = 45		
	8	0	40	0	40 + 0 = 40		

$k=1, 0 \leqslant x_1 \leqslant s_1, s_2 = s_1 - x_1$。第 1 阶段为开始投资项目 A，有资金 8 万元，计算过程见表 6 – 8。

表 6 – 8

s_1	$x_1(s_1)$	s_2	$v_1(s_1,x_1)$	$f_2(s_2)$	$v_1(s_1,x_1)+f_2(s_2)$	$f_1(s_1)$	x_1^*
8	0	8	0	48	0 + 48 = 48 *	48	0
	2	6	8	37	8 + 37 = 45		
	4	4	15	28	15 + 28 = 43		
	6	2	30	10	30 + 10 = 40		
	8	0	38	0	38 + 0 = 38		

最优解为 $s_1 = 8, x_1^* = 0, s_2 = s_1 - x_1 = 8, x_2^* = 4, s_3 = s_2 - x_3^* = 4, x_3 = 4, s_4 = s_3 - x_4 = 0$ 投资的最优策略：项目 A 不投资，项目 B 投资 4 万元，项目 C 投资 4 万元，最大效益为 48 万元。

【例 6.3】 某种设备可在高低两种不同的负荷下进行生产，设在高负荷下投入生产的设备数量为 x，产量为 $g = 10x$，设备年完好率为 $a = 0.75$；在低负荷下投入生产的设备数量为 y，产量为 $h = 8y$，年完好率为 $b = 0.9$。假定开始生产时完好的设备数量 $s_1 = 100$。

制订一个 5 年计划，确定每年投入高、低两种负荷下生产的设备数量，使 5 年内产品的总产量达到最大。

解 动态规划求解过程如下：

　　阶段 k:运行年份($k=1,2,\cdots,6$),$k=1$ 表示第 1 年年初,$k=6$ 表示第 5 年年末(即第 6 年年初)

　　状态变量 s_k:第 k 年年初完好的机器数($k=1,2,\cdots,6$),也是第 $k-1$ 年年末完好的机器数,其中 s_6 表示第 5 年年末(即第 6 年年初)的完好机器数,$s_1=100$

　　决策变量 x_k:第 k 年年初投入高负荷运行的机器数

　　状态转移方程:$s_{k+1}=0.75x_k+0.9(s_k-x_k)$

　　决策允许集合:$D_k(s_k)=\{x_k|0\leqslant x_k\leqslant s_k\}$

　　阶段指标:$v_k(s_k,x_k)=10x_k+8(s_k-x_k)$

　　终端条件:$f_6(s_6)=0$

　　递推方程:

$$f_k(s_k)=\max_{x_k\in D_k(s_k)}\{v_k(s_k,x_k)+f_{k+1}(s_{k+1})\}$$
$$=\max_{0\leqslant x_k\leqslant s_k}\{10x_k+8(s_k-x_k)+f_{k+1}(0.75x_k+0.9(s_k-x_k))\}$$

$f_x(x_k)$ 表示第 k 年年初分配 x_k 台设备用于高负荷生产时到第 5 年年末的最大产量,计算过程如下:

$$f_5(s_5)=\max_{0\leqslant x_5\leqslant s_5}\{10x_5+8(s_5-x_5)+f_6(s_6)\}$$
$$=\max_{0\leqslant x_5\leqslant s_5}\{10x_5+8(s_5-x_5)\}$$
$$=\max_{0\leqslant x_5\leqslant s_5}\{2x_5+8s_5\}=10s_5$$

$x_5^*=s_5$ 时最优

$$f_4(s_4)=\max_{0\leqslant x_4\leqslant s_4}\{10x_4+8(s_4-x_4)+f_5(s_5)\}$$
$$=\max_{0\leqslant x_4\leqslant s_4}\{10x_4+8(s_4-x_4)+10s_5\}$$
$$=\max_{0\leqslant x_4\leqslant s_4}\{10x_4+8(s_4-x_4)+10(0.75x_4+0.9(s_4-x_4))\}$$
$$=\max_{0\leqslant x_4\leqslant s_4}\{0.5x_4+17s_4\}=17.5s_4$$

$x_4^*=s_4$ 时最优

$$f_3(s_3)=\max_{0\leqslant x_3\leqslant s_3}\{10x_3+8(s_3-x_3)+f_4(s_4)\}$$
$$=\max_{0\leqslant x_3\leqslant s_3}\{10x_3+8(s_3-x_3)+17.5s_4\}$$
$$=\max_{0\leqslant x_3\leqslant s_3}\{10x_3+8(s_3-x_3)+17.5(0.75x_3+0.9(s_3-x_3))\}$$
$$=\max_{0\leqslant x_3\leqslant s_3}\{-0.625x_3+23.75s_3\}=23.75s_3$$

$x_3^*=0$ 时最优

$$f_2(s_2)=\max_{0\leqslant x_2\leqslant s_2}\{10x_2+8(s_2-x_2)+f_3(s_3)\}$$

$$= \max_{0 \leqslant x_2 \leqslant s_2} \{10x_2 + 8(s_2 - x_2) + 23.75s_3\}$$

$$= \max_{0 \leqslant x_2 \leqslant s_2} \{10x_2 + 8(s_2 - x_2) + 23.75(0.75x_2 + 0.9(s_2 - x_2))\}$$

$$= \max_{0 \leqslant x_2 \leqslant s_2} \{-1.5625x_2 + 29.375s_2\} = 29.375s_2$$

$x_2^* = 0$ 时最优

$$f_1(s_1) = \max_{0 \leqslant x_1 \leqslant s_1} \{10x_1 + 8(s_1 - x_1) + f_2(s_2)\}$$

$$= \max_{0 \leqslant x_1 \leqslant s_1} \{10x_1 + 8(s_1 - x_1) + 29.375s_2\}$$

$$= \max_{0 \leqslant x_1 \leqslant s_1} \{10x_1 + 8(s_1 - x_1) + 29.375(0.75x_1 + 0.9(s_1 - x_1))\}$$

$$= \max_{0 \leqslant x_1 \leqslant s_1} \{-2.406x_1 + 34.4375s_1\} = 34.4375s_1$$

$x_1^* = 0$ 时最优

因为 $s_1 = 100$, , 5 年的最大总产量为 $f_1(s_1) = 34.4375 \times 100 = 3443.75$。

由 $x_1^* = x_2^* = x_3^* = 0$, $x_4^* = s_4$, $x_5^* = s_4$ 设备的最优分配策略:第 1 年至第 3 年将设备全部用于低负荷运行,第 4 年和第 5 年将设备全部用于高负荷运行。每年投入高负荷运行的机器数以及每年年初完好的机器数为:

$s_1 = 100$

$x_1^* = 0$, $s_2 = 0.75x_1 + 0.9(s_1 - x_1) = 90$

$x_2^* = 0$, $s_3 = 0.75x_2 + 0.9(s_2 - x_2) = 81$

$x_3^* = 0$, $s_4 = 0.75x_3 + 0.9(s_3 - x_3) = 73$

$x_4^* = s_4 = 73$, $s_5 = 0.75x_4 + 0.9(s_4 - x_4) = 55$

$x_5^* = s_5 = 55$, $s_6 = 0.75x_5 + 0.9(s_5 - x_5) = 41$

第 5 年年末还有 41 台完好设备。

例 6.3 对终端 s_6 没有限制,有时会对最后一年年末完好设备数施以约束,例如 $s_6 \geqslant 50$,这时决策变量 x_5 的决策允许集合为:

$$D_5(s_5) = \{x_5 \mid 0.75x_5 + 0.9(s_5 - x_5) \geqslant 50, x_5 \geqslant 0\}$$

即:

$$0 \leqslant x_5 \leqslant 3.65s_5 - 200$$

一般地,设一个周期为 n 年,高负荷生产时设备的完好率为 a,单台产量为 g;低负荷完好率为 b,单台产量为 h。若有 t 满足:

$$\sum_{i=0}^{n-t-1} a^i \leqslant \frac{g-h}{g(b-a)} \leqslant \sum_{i=0}^{n-t} a^i \qquad (6-7)$$

则最优设备分配策略是:从 $1 \sim t-1$ 年,年初将全部完好设备投入低负荷运行,从 $t \sim n$ 年,年初将全部完好设备投入高负荷运行,总产量达到最大。

在例 6.3 中,$n = 5$, $a = 0.75$, $b = 0.9$, $g = 10$, $h = 8$, $(g-h)/g(b-a) = 1.3333$。

式(6-7)的求和式是完好率 a 的 i 次方累加,由 $a^0 = 1 < 1.3333 < a^0 + a^1 = 1.75$ 知,$n - t - 1 = 0, t = 4$,则 $1 \sim 3$ 年低负荷运行,$4 \sim 5$ 年高负荷运行。

6.3 生产与存储问题

在一项具有 n 个时期的生产计划中,决策者如何制定生产(或采购)策略,确定不同时期的生产量(或采购量)和存储量,在满足产品需求量的条件下,使得总成本(生产成本 + 存储成本)最小,这一问题就是生产与存储问题。

设:

x_k 为第 k 时期该产品的生产量,生产限量为 X_k;

d_k 为第 k 时期产品的需求量;

$C_k(x_k)$ 为第 k 个时期生产 x_k 件产品的成本(包括固定成本 S_k 和可变成本 $a_k x_k$);

$H_k(s_k)$ 为第 k 时期开始时有存储量 s_k 所需要的存储成本;

M 为各期产品量存储上限,不允许缺货,则有存量下限非负,有时也设定了一个下限(安全存量)。

其他假设:第 1 期期初和第 n 期期末的存储量为零(也可以为一常数),各期产品在期末交货。

则此问题的数学模型为:

$$\min Z = \sum_{k=1}^{n} \left[C_k(x_k) + H_k(s_k) \right]$$

$$\begin{cases} s_1 = 0, s_{n+1} = 0 \\ 0 \leqslant s_k = \sum_{j=1}^{k-1} x_j - \sum_{j=1}^{k-1} d_j \leqslant M, k = 2, 3, \cdots, n \\ 0 \leqslant x_k \leqslant X_k, k = 1, 2, \cdots, n \\ x_k \geqslant 0 \text{ 且为整数} \end{cases}$$

下面用动态规划方法求解此问题。将问题看做是一个 n 阶段决策问题,决策变量 x_k 表示第 k 阶段的生产量,状态变量 s_k 表示第 k 阶段开始的存储量。最优指标函数 $f_k(s_k)$ 为第 k 阶段初存储量为 s_k 时,从第 k 阶段到第 n 阶段的最小总成本。动态规划的数学模型为:

$$f_k(s_k) = \min_{x_k} \{ C_k(x_k) + H_k(s_k) + f_{k+1}(s_{k+1}) \} \qquad k = 1, 2, \cdots, n$$

$$\begin{cases} f_{n+1}(s_{n+1}) = 0 \\ s_{k+1} = s_k + x_k - d_k \end{cases}$$

最后求出 $f_1(s_1)$ 就是最小总成本。

【例6.4】 一个工厂生产某种产品，1~6月份生产成本和产品需求量的变化情况见表6-9。如果没有生产准备成本，单位产品一个月的存储费为 h_k =0.6元，月底交货，分别求下列两种情形6个月总成本最小的生产方案。

(1)1月月初与6月月底存储量为零，不允许缺货，仓库容量为 S =50件，生产能力无限制；

(2)其他条件不变，1月初存量为10。

表6-9

月份(k)	1	2	3	4	5	6
需求量(d_k)	20	30	35	40	25	45
单位产品成本(c_k)	15	12	16	19	18	16

解 动态规划求解过程如下。

阶段 k:月份，$k=1,2,\cdots,7$

状态变量 s_k:第 k 个月初的存储量

决策变量 x_k:第 k 个月的生产量

状态转移方程:$s_{k+1}=s_k+x_k-d_k$

决策允许集合:$D_k(s_k)=\{x_k|x_k\geq0,0\leq s_k+x_k-d_k\leq50\}$

阶段指标:$v_k(s_k,x_k)=c_kx_k+h_ks_k=c_kx_k+0.6s_k$

终端条件:$f_7(s_7)=0,s_7=0$

递推方程:

$$f_k(x_k)=\min_{x_k\in D_k(s_k)}\{v_k(s_k,x_k)+f_{k+1}(s_{k+1})\}$$
$$=\min_{x_k\in D_k(s_k)}\{v_k(s_k,x_k)+f_{k+1}(s_k+x_k-d_k)\}$$

当 $k=6$ 时，因为 $s_7=0$，有 $s_7=s_6+x_6-d_6=s_6+x_6-45=0$，$x_6=45-s_6$，$s_6\leq45$，所以:

$$f_6(s_6)=\min_{x_6=45-s_6}\{16x_6+0.6s_6+f_7(s_7)\}$$
$$=\min_{x_6=45-s_6}\{16x_6+0.6s_6\} \qquad x_6^*=45-s_6$$
$$=-15.4s_6+720$$

当 $k=5$ 时，由 $0\leq s_6\leq45,0\leq s_5+x_5-d_5=s_5+x_5-25\leq45$ 得 $25-s_5\leq x_5\leq70-s_5$，由于 $s_5\leq50$，则当 $25-s_5<0$ 时 x_5 的值取"0"，决策允许集合为:

$$D_5(s_5)=\{x_5|\max[0,25-s_5]\leq x_5\leq70-s_5\}$$

则有:

$$f_5(s_5) = \min_{x_5 \in D_5(s_5)} \{18x_5 + 0.6s_5 + f_6(s_6)\}$$

$$= \min_{x_5 \in D_5(s_5)} \{18x_5 + 0.6s_5 - 15.4s_6 + 720\}$$

$$= \min_{x_5 \in D_5(s_5)} \{2.6x_5 - 14.8s_5 + 1105\}$$

$$= \begin{cases} -17.4s_5 + 1170 \\ -14.8s_5 + 1105 \end{cases}$$

（其中 $s_6 = s_5 + x_5 - 25$）

$s_5 \leqslant 25$ 时，取下界 $:x_5^* = 25 - s_5$；$s_5 > 25$ 时，取下界 $:x_5^* = 0$

$k = 4$ 时，$0 \leqslant s_5 \leqslant 25, 0 \leqslant s_4 + x_4 - 40 \leqslant 25$，有 $40 - s_4 \leqslant x_4 \leqslant 65 - s_4$，决策允许集合为：

$$D_4(s_4) = \{x_4 \mid \max[0, 40 - s_4] \leqslant x_4 \leqslant 65 - s_4\}$$

$$f_4(s_4) = \min_{x_4 \in D_4(s_4)} \{19x_4 + 0.6s_4 + f_5(s_5)\}$$

$$= \min_{x_4 \in D_4(s_4)} \{19x_4 + 0.6s_4 - 17.4s_5 + 1170\}$$

$$= \min_{x_4 \in D_4(s_4)} \{1.6x_4 - 16.8s_4 + 1866\}$$

$$= \begin{cases} -18.4s_4 + 1930 \\ -16.8s_4 + 1866 \end{cases}$$

$s_4 \leqslant 40$ 时，$x_4^* = 40 - s_4$；$40 \leqslant s_4 \leqslant 50$ 时，$x_4^* = 0$

当 $25 < s_5 \leqslant 50, x_5 = 0, 25 \leqslant s_4 + x_4 - 40 \leqslant 50$，有：

$$D_4(s_4) = \{x_4 \mid 65 - s_4 \leqslant x_4 \leqslant 90 - s_4\}$$

$$f_4^{(1)}(s_4) = \min_{x_4 \in D_4(s_4)} \{19x_4 + 0.6s_4 + f_5(s_5)\}$$

$$= \min_{x_4 \in D_4(s_4)} \{19x_4 + 0.6s_4 - 14.8s_5 + 1105\}$$

$$= \min_{x_4 \in D_4(s_4)} \{4.2x_4 - 14.2s_4 + 1697\}$$

$$= -18.4s_4 + 1970$$

取下界 $:x_4^* = 45 - s_4$

显然该决策不可行，$x_5 = 0, s_4 + x_4 = 65 = d_4 + d_5, s_5 = s_4 + x_4 - d_4 = 25$，与 $s_5 > 25$ 矛盾。因此有：

$$f_4(s_4) = \begin{cases} -18.4s_4 + 1930 & 0 \leqslant s_4 \leqslant 40, x_4^* = 40 - s_4 \quad 并且 0 \leqslant s_5 \leqslant 25, x_5 = 25 - s_5 \\ -16.8s_4 + 1866 & 40 < s_4 \leqslant 50, x_4^* = 0 \quad 并且 0 \leqslant s_5 \leqslant 25, x_5 = 25 - s_5 \end{cases}$$

$k = 3$ 时，$0 \leqslant s_4 \leqslant 40, 0 \leqslant s_3 + x_3 - 35 \leqslant 40$，有

$$D_3(s_3) = \{x_3 \mid \max[0, 35 - s_3] \leqslant x_3 \leqslant 75 - s_3\}$$

$$f_3(s_3) = \min_{x_3 \in D_3(s_3)} \{16x_3 + 0.6s_3 + f_4(s_4)\}$$

$$= \min_{x_3 \in D_3(s_3)} \{16x_3 + 0.6s_3 - 18.4s_4 + 1930\}$$

$$= \min_{x_3 \in D_3(s_3)} \{-2.4x_3 - 17.8s_3 + 2574\}$$

$$= -15.4s_3 + 2394$$

取上界:$x_3^* = 75 - s_3$

当 $40 \leq s_4 \leq 50$ 时,$40 \leq s_3 + x_3 - 35 \leq 50$,有:

$$D_3(s_3) = \{x_3 \mid 75 - s_3 \leq x_3 \leq 85 - s_3\}$$

$$f_3(s_3) = \min_{x_3 \in D_3(s_3)} \{16x_3 + 0.6s_3 + f_4(s_4)\}$$

$$= \min_{x_3 \in D_3(s_3)} \{16x_3 + 0.6s_3 - 16.8s_4 + 1866\}$$

$$= \min_{x_3 \in D_3(s_3)} \{-0.8x_3 - 16.2s_3 + 2454\}$$

$$= -15.4s_3 + 2386$$

取上界:$x_3^* = 85 - s_3$

取决策 $x_3^* = 85 - s_3, f_3(s_3) = -15.4s_3 + 2386$

$k = 2$ 时,由 $40 \leq s_4 \leq 50, 0 \leq s_3 \leq 50, 0 \leq s_2 + x_2 - 30 \leq 50$,有 $30 - s_2 \leq x_2 \leq 80 - s_2$,$x_2$ 的决策允许集合为:

$$D_2(s_2) = \{x_2 \mid \max[0, 30 - s_2] \leq x_2 \leq 80 - s_2\}$$

$$f_2(s_2) = \min_{30 - s_2 \leq x_2 \leq 65 - s_2} \{12x_2 + 0.6s_2 + f_3(s_3)\}$$

$$= \min_{30 - s_2 \leq x_2 \leq 65 - s_2} \{12x_2 + 0.6s_2 - 15.4s_3 + 2386\}$$

$$= \min_{30 - s_2 \leq x_2 \leq 65 - s_2} \{-3.4x_2 - 14.8s_2 + 2848\}$$

$$= -11.4s_2 + 2576$$

取上界:$x_2^* = 80 - s_2$

$k = 1$ 时,由 $0 \leq s_2 \leq 50, 0 \leq s_1 + x_1 - 20 \leq 50, 20 - s_1 \leq x_1 \leq 70 - s_1$,只要期初存储量 $s_1 \leq 20$,则 x_1 的决策允许集合为:

$$D_1(s_1) = \{x_1 \mid 20 - s_1 \leq x_1 \leq 70 - s_1\}$$

$$f_1(s_1) = \min_{x_1 \in D_1(s_1)} \{15x_1 + 0.6s_1 + f_2(s_2)\}$$

$$= \min_{x_1 \in D_1(s_1)} \{15x_1 + 0.6s_1 - 11.4s_2 + 2584\}$$

$$= \min_{x_1 \in D_1(s_1)} \{3.6x_1 - 10.8s_1 + 2804\}$$

$$= -14.4s_1 + 2876$$

取下界:$x_1^* = 20 - s_1$

(1)期初存储量 $s_1 = 0$,由各阶段的最优决策 x_j^* 及状态转移方程,回溯可求出最优策略:

$x_1 = 20, s_2 = s_1 + x_1 - d_1 = 0 + 20 - 20 = 0;$

$x_2 = 80, s_3 = s_2 + x_2 - d_2 = 0 + 80 - 30 = 50;$

$x_3 = 85 - 50 = 35, s_4 = s_3 + x_3 - d_3 = 50 + 35 - 35 = 50 > 40;$

$x_4 = 0, s_5 = 50 - 0 - 40 = 10 < 25;$

$x_5 = 25 - s_5 = 15, s_6 = 10 + 15 - 25 = 0, x_6 = 45$。总成本为 2876 元。

1~6 月份生产与储存详细计划表如表 6-10 所示。

表 6-10

月份(k)	1	2	3	4	5	6	合计
需求量(d_k)	20	30	35	40	25	45	195
单位产品成本(c_k)	15	12	16	19	18	16	
单位存储费 h_k	0.6	0.6	0.6	0.6	0.6	0.6	
产量 x_k	20	80	35	0	15	45	195
期初存量 s_k	0	0	50	50	10	0	110
生产成本 $C_k(x_k)$	300	960	560	0	270	720	2810
存储成本 $H_k(s_k)$	0	0	30	30	6	0	66
合计							2876

（2）期初存储量 $s_1 = 10$，与前面计算类似，得到 $x_1 = 10, x_2 = 80, x_3 = 35,$ $x_4 = 0, x_5 = 15, x_6 = 45$。

6.4 背包问题

这里用动态规划方法求解只有一个约束条件（一维背包问题）的整数规划最优解，即背包只有重量或体积限制。

设数学模型为：

$$\max Z = c_1 x_1 + c_2 x_2 + \cdots + c_n x_n$$

$$\begin{cases} w_1 x_1 + w_2 x_2 + \cdots + w_n x_n \leqslant W \\ x_i \geqslant 0 \text{ 且为整数}, i = 1, 2, \cdots, n \end{cases}$$

式中，c_k 为第 k 种物品的单位价值；w_k 为第 k 种物品的单位重量或体积；W 为背包的重量或体积限制。动态规划的有关要素如下：

阶段 k：第 k 次装载第 k 种物品（$k = 1, 2, \cdots, n$）

状态变量 s_k：第 k 次装载时背包还可以装载的重量（或体积）

决策变量 x_k：第 k 次装载第 k 种物品的件数

决策允许集合：$D_k(s_k) = \{ d_k \mid 0 \leqslant x_k \leqslant s_k / w_k, x_k$ 为整数$\}$

状态转移方程：$s_{k+1} = s_k - w_k x_k$

阶段指标：$v_k = c_k x_k$

终端条件：$f_{n+1}(s_{n+1}) = 0$

递推方程：

$$f_k(s_k) = \max\{c_k x_k + f_{k+1}(s_{k+1})\}$$
$$= \max\{c_k x_k + f_{k+1}(s_k - w_k x_k)\}$$

【例6.5】 用动态规划方法求解下列整数规划

$$\max Z = 60x_1 + 40x_2 + 60x_3$$
$$\begin{cases} 3x_1 + 2x_2 + 5x_3 \leqslant 10 \\ x_1, x_2, x_3 \geqslant 0 \text{ 且为整数} \end{cases}$$

解 终端条件：$f_4(x_4) = 0$

$k = 3$ 时，递推方程为：

$$f_3(s_3) = \max_{0 \leqslant x_3 \leqslant s_3/w_3} \{c_3 x_3 + f_4(s_4)\} = \max_{0 \leqslant x_3 \leqslant s_3/w_3} \{60x_3\}$$

计算过程见表6 – 11。

表6 – 11

s_3	$D_3(s_3) = \left\{ x_3 \mid \left[\dfrac{s_3}{5}\right] \right\}$	s_4	$60x_3 + f_4(s_4)$	$f_3(s_3)$	x_3^*
0	0	0	$0 + 0 = 0$	0	0
1	0	1	$0 + 0 = 0$	0	0
⋮	⋮	⋮	⋮	⋮	0
5	0	5	$0 + 0 = 0$	0	1
	1	0	$60 + 0 = 60^*$	60	
⋮	⋮	⋮	⋮	⋮	1
10	0	10	$0 + 0 = 0$		
	1	5	$60 + 0 = 60$	120	2
	2	0	$120 + 0 = 120^*$		

表 6 - 11 省略了部分内容,最优决策是:s_3 为 0 ~ 4 时,$x_3 = 0$;s_3 为 5 ~ 9 时,$x_3 = 1$,$s_3 = 10$ 时,$x_3 = 2$。

表 6 - 12

s_2	$D_2(s_2)$	s_3	$40x_2 + f_3(s_3)$	$f_2(s_2)$	x_2^*
0	0	0	$0 + f_3(0) = 0 + 0 = 0^*$	0	0
1	0	1	$0 + 0 = 0$	0	0
2	0	2	$0 + 0 = 0$	40	1
	1	0	$40 + 0 = 40^*$		
3	0	3	$0 + 0 = 0$	40	1
	1	1	$40 + 0 = 40^*$		
4	0	4	$0 + 0 = 0$	80	2
	1	2	$40 + 0 = 40$		
	2	0	$80 + 0 = 80^*$		
5	0	5	$0 + 60 = 60$	80	2
	1	3	$40 + 0 = 40$		
	2	1	$80 + 0 = 80^*$		
⋮	⋮	⋮	⋮	⋮	
10	0	10	$0 + 120 = 120$	200	5
	1	8	$40 + 60 = 100$		
	2	6	$80 + 60 = 140$		
	3	4	$120 + 0 = 120$		
	4	2	$160 + 0 = 160$		
	5	0	$200 + 0 = 200$		

$k = 2$ 时,递推方程为:

$$f_2(s_2) = \max_{0 \leq x_2 \leq s_2/w_2} \{c_2 x_2 + f_3(s_3)\} = \max_{0 \leq x_2 \leq s_2/2} \{40x_2 + f_3(s_2 - 2x_2)\}$$

$w_2 = 2$,$D_2(s_2) = \left\{ x_2 \mid 0 \leq x_2 \leq \left[\dfrac{s_2}{2}\right] \right\}$,决策集为 $\{0,1,2,3,4,5\}$。计算过程见表 6 - 12。

第 2 阶段的最优决策见表 6 - 13。

表 6 – 13

s_2	0	1	2	3	4	5	6	7	8	9	10
$f_2(s_2)$	0	0	40	40	80	80	120	120	160	160	200
x_2	0	0	1	1	2	2	3	3	4	4	5

$k = 1$ 时,递推方程为:

$$f_1(s_1) = \max_{0 \leqslant x_1 \leqslant s_1/w_1} \{c_1 x_1 + f_2(s_2)\} = \max_{0 \leqslant x_1 \leqslant s_1/3} \{60 x_1 + f_2(s_1 - 3x_1)\}$$

$s_1 = 10, w_1 = 3, D_1(s_1) = \{0,1,2,3\}$,计算结果见表 6 – 14。

表 6 – 14

s_1	$D_1(s_1)$	s_2	$60x_1 + f_2(s_2)$	$f_1(s_1)$	x_1^*
10	0 1 2 3	10 7 4 1	$0 + f_2(10) = 0 + 200 = 200^*$ $60 + 120 = 180$ $120 + 80 = 200^*$ $180 + 0 = 180$	200	0,2

6.5 其他动态规划模型

6.5.1 求解线性规划模型

对于线性规划、整数规划这种静态问题用动态规划方法求解时,阶段数等于变量数,状态变量是资源限量,阶段指标是目标函数项。

【例 6.6】 用动态规划方法求解下列线性规划

$$\max Z = 6x_1 + 5x_2 + 8x_3$$

$$\begin{cases} 3x_1 + 2x_2 \leqslant 20 \\ x_1 + 4x_2 + 4x_3 \leqslant 14 \\ x_1, x_2, x_3 \geqslant 0 \end{cases}$$

解 首先将问题转化为动态规划模型。

阶段数为 3,决策变量为 x_k,状态变量为第 k 阶段初各约束条件右端常数的剩余值,用 s_{1k} 和 s_{2k} 表示,状态转移方程为:

$$s_{1,k+1} = s_{1k} - a_{1k}x_k, \quad s_{2,k+1} = s_{2k} - a_{2k}x_k$$

阶段指标是 $c_k x_k$,递推方程为:

$$f_k(s_{1k}, s_{2k}) = \max_{x_k \in D_k(s_{ik})} \{c_k x_k + f_{k+1}(s_{k+1})\}$$

终端条件:$f_4(s_{14},s_{24})=0$

$k=3$ 时,决策变量允许集合 $D_3(s_{i3})=\left\{x_3 \mid 0\leqslant x_3\leqslant\min\left(\dfrac{s_{13}}{a_{13}},\dfrac{s_{23}}{a_{23}}\right)\right\}$,$a_{13}=0$,

$a_{23}=4$,有:

$$D_3(s_{i3})=\left\{x_3 \mid 0\leqslant x_3\leqslant\frac{s_{23}}{4}\right\}$$

$$f_3(s_{13},s_{23})=\max_{0\leqslant x_3\leqslant s_{23}/4}\{c_3 x_3\}=\max_{0\leqslant x_3\leqslant s_{23}/4}\{8x_3\}=2s_{23}\qquad x_3^*=\frac{s_{23}}{4}$$

$k=2$ 时,决策变量允许集合 $D_2(s_{i2})=\left\{x_2 \mid 0\leqslant x_2\leqslant\min\left(\dfrac{s_{12}}{a_{12}},\dfrac{s_{22}}{a_{22}}\right)\right\}$,$a_{12}=2$,

$a_{22}=4$,有:

$$D_2(s_{i2})=\left\{x_2 \mid 0\leqslant x_2\leqslant\min\left\{\frac{s_{12}}{2},\frac{s_{22}}{4}\right\}\right\}$$

状态转移方程为 $s_{13}=s_{12}-2x_2$,$s_{23}=s_{22}-4x_2$

$$\begin{aligned}
f_2(s_{12},s_{22}) &= \max_{0\leqslant x_2\leqslant\min\left\{\frac{s_{12}}{2},\frac{s_{22}}{4}\right\}}\{c_2 x_2+f_3(s_{13},s_{23})\}\\
&= \max_{0\leqslant x_2\leqslant\min\left\{\frac{s_{12}}{2},\frac{s_{22}}{4}\right\}}\{5x_2+2s_{23}\}\\
&= \max_{0\leqslant x_2\leqslant\min\left\{\frac{s_{12}}{2},\frac{s_{22}}{4}\right\}}\{5x_2+2(s_{22}-4x_2)\}\qquad x_2^*=0\\
&= \max_{0\leqslant x_2\leqslant\min\left\{\frac{s_{12}}{2},\frac{s_{22}}{4}\right\}}\{2s_{22}-3x_2\}\\
&= 2s_{22}
\end{aligned}$$

$k=1$ 时,决策变量允许集合:

$$D_1(s_{i1})=\left\{x_1 \mid 0\leqslant x_1\leqslant\min\left(\frac{s_{11}}{a_{11}},\frac{s_{21}}{a_{21}}\right)\right\}$$

$$=\left\{x_1 \mid 0\leqslant x_1\leqslant\min\left(\frac{20}{3},14\right)\right\}$$

状态转移方程为 $s_{12}=s_{11}-3x_1=20-3x_1$,$s_{22}=s_{21}-x_1=14-x_1$

$$\begin{aligned}
f_1(s_{11},s_{21}) &= \max_{0\leqslant x_1\leqslant\min\left\{\frac{20}{3},14\right\}}\{c_1 x_1+f_2(s_{12},s_{22})\}\\
&= \max_{0\leqslant x_1\leqslant\min\left\{\frac{20}{3},14\right\}}\{6x_1+2(14-x_1)\}\qquad x_1^*=\frac{20}{3}\\
&= \max_{0\leqslant x_1\leqslant\min\left\{\frac{20}{3},14\right\}}\{4x_1+2\times14\}\\
&= \frac{164}{3}
\end{aligned}$$

$$x_1 = \frac{20}{3}, s_{12} = 0, s_{22} = 14 - \frac{20}{3} = \frac{22}{3}, x_2 = 0, s_{13} = 0, s_{23} = \frac{22}{3}, x_3 = \frac{s_{23}}{4} = \frac{11}{6}, 最优$$

解：

$$X = \left(\frac{20}{3}, 0, \frac{11}{6}\right)^{\mathrm{T}}, Z = \frac{164}{3}$$

引用例 6.6 的求解思路，加上变量取整数约束，可求解同时具有重量和体积限制的二维背包问题。

6.5.2　求解非线性规划模型

用动态规划方法求解非线性规划模型的思路与例 6.6 类似。

【例 6.7】　用动态规划方法求解下列非线性规划

$$\max Z = x_1 x_2 x_3$$
$$\begin{cases} x_1 + 5x_2 + 2x_3 \leqslant 20 \\ x_1, x_2, x_3 \geqslant 0 \end{cases}$$

解　阶段数为 3，决策变量为 x_k，状态变量 s_k 为第 k 阶段初约束条件右端常数的剩余值，状态转移方程为 $s_{k+1} = s_k - a_k x_k$，阶段指标是 x_k，递推方程为

$$f_k(s_k) = \max_{s_{xk} \in D(s_{ik})} \{x_k \cdot f_{k+1}(s_{k+1})\}$$

终端条件：$f_4(s_4) = 1$

$k = 3$ 时，决策变量允许集合 $D_3(s_3) = \left\{x_3 \mid 0 \leqslant x_3 \leqslant \frac{s_3}{a_3} = \frac{s_3}{2}\right\}$

$$f_3(s_3) = \max_{0 \leqslant x_3 \leqslant s_3/2} \{x_3 f_4(s_4)\} = \max_{0 \leqslant x_3 \leqslant s_3/2} \{x_3\} = \frac{s_3}{2} \qquad x_3^* = \frac{s_3}{2}$$

$k = 2$ 时，决策变量允许集合 $D_2(s_2) = \left\{x_2 \mid 0 \leqslant x_2 \leqslant \frac{s_2}{a_2} = \frac{s_2}{5}\right\}$

状态转移方程为：$s_3 = s_2 - 5x_2$

$$f_2(s_2) = \max_{0 \leqslant x_2 \leqslant \frac{s_2}{5}} \{x_2 f_3(s_3)\}$$

$$= \max_{0 \leqslant x_2 \leqslant \frac{s_2}{5}} \left\{\frac{1}{2} x_2 s_3\right\} \qquad x_2^* = \frac{s_2}{10}$$

$$= \max_{0 \leqslant x_2 \leqslant \frac{s_2}{5}} \left\{\frac{1}{2} x_2 (s_2 - 5x_2)\right\}$$

$$= \frac{1}{40} s_2^2$$

$k = 1$ 时，决策变量允许集合 $D_1(s_1) = \left\{x_1 \mid 0 \leqslant x_1 \leqslant \frac{s_1}{a_1} = 20\right\}$

状态转移方程为：$s_2 = 20 - x_1$

$$\begin{aligned}
f_1(s_1) &= \max_{0 \leqslant x_1 \leqslant 20} \left\{ x_1 f_2(s_2) \right\} \\
&= \max_{0 \leqslant x_1 \leqslant 20} \left\{ \frac{1}{40} x_1 s_2^2 \right\} \qquad\qquad x_1^* = \frac{20}{3} \\
&= \max_{0 \leqslant x_1 \leqslant 20} \left\{ \frac{1}{40} x_1 (20 - x_1)^2 \right\} \\
&= \max_{0 \leqslant x_1 \leqslant 20} \left\{ \frac{1}{40} x_1^3 - x_1^2 + 10 x_1 \right\} \\
&= \frac{800}{27}
\end{aligned}$$

$x_1 = \dfrac{20}{3}, s_2 = 20 - x_1 = \dfrac{40}{3}, x_2 = \dfrac{s_2}{10} = \dfrac{4}{3}, s_3 = s_2 - 5 x_2 = \dfrac{20}{3}, x_3 = \dfrac{s_3}{2} = \dfrac{10}{3}$，得到

最优解：

$$X = \left(\frac{20}{3}, \frac{4}{3}, \frac{10}{3} \right)^{\mathrm{T}}, \quad Z = \frac{800}{27}$$

这里连乘形式的递推方程的终端条件应等于1。

习 题

6.1 某公司有五台设备，将有选择地分配给三个工厂，所得的收益如表 6-15 所示，问公司应如何分配使总收益最大？

表 6-15

工厂 \ 设备	0	1	2	3	4	5
1	0	3	7	9	12	13
2	0	5	10	11	11	11
3	0	4	6	11	12	12

6.2 某厂有100台同样的机器，4年后这种机器将被其他新机器取代，现有两种生产任务，据以往经验知道：用于第一种生产任务的机器中，1年后将有1/3的机器损坏报废，每台机器的年收益为9万元；用于第二种生产任务的机器中，1年后将有1/10的机器报废，每台机器的年收益为6万元，问：应怎样安排生产任务，才能使这些机器在4年中获得最大收益？

6.3 求解下列非线性规划

$$\max Z = x_1 x_2 x_3 \qquad \max Z = x_1 + x_2^2 + x_3^2 \qquad \max Z = 2x_1 + 3x_2 + x_3^2$$

$$(1)\begin{cases} x_1 + x_2 + x_3 = C \\ x_1, x_2, x_3 \geq 0 \end{cases} \qquad (2)\begin{cases} x_1 + x_2 + x_3 = C \\ x_1, x_2, x_3 \geq 0, C > 1 \end{cases} \qquad (3)\begin{cases} x_1 + x_2 + x_3 = 10 \\ x_1, x_2, x_3 \geq 0 \end{cases}$$

$$\max Z = x_1 x_2 x_3 \qquad \max Z = x_1 x_2 x_3$$

$$(4)\begin{cases} x_1 + 4x_2 + 2x_3 = 10 \\ x_1, x_2, x_3 \geq 0 \end{cases} \qquad (5)\begin{cases} 2x_1 + 4x_2 + x_3 \leq 10 \\ x_1, x_2, x_3 \geq 0 \end{cases}$$

$$\max Z = x_1^2 + 2x_1 + 2x_2^2 + x_3$$

$$(6)\begin{cases} x_1 + x_2 + x_3 = 8 \\ x_1, x_2, x_3 \geq 0 \end{cases}$$

6.4 用动态规划求解下列线性规划问题

$$\max Z = 2x_1 + 4x_2$$

$$\begin{cases} 2x_1 + x_2 \leq 6 \\ x_1 \leq 2 \\ x_2 \leq 4 \\ x_1, x_2 \geq 0 \end{cases}$$

6.5 有一个车队总共有车辆 200 辆,分别送两批货物去 A,B 两地,运到 A 地去的利润与车辆数目满足关系 $100x$,x 为车辆数,车辆抛锚率为 30%,运到 B 地的利润与车辆数 y 关系为 $80y$,车辆抛锚率为 20%,总共往返 3 轮。请设计使总利润最高的车辆分配方案。

6.6 有一辆货车载重量为 10 t,用来装载货物 A,B 时成本分别为 5 元/t 和 4 元/t。现在已知每吨货物的运价与该货物的重量有如下线性关系

$$A: P_1 = 15 - x_1 ; B: P_2 = 18 - 2x_2$$

其中 x_1, x_2 分别为货物 A,B 的重量。如果要求货物满载,A 和 B 各装载多少,才能使总利润最大。

6.7 现有一面粉加工厂,每星期上五天班。生产成本和需求量见表 6-16。面粉加工没有生产准备成本,每袋面粉的存储费为 $h_k = 0.5$ 元,按天交货,分别比较下列两种方案的最优性,求成本最小的方案。

(1)星期一早上和星期五晚的存储量为零,不允许缺货,仓库容量为 $S = 40$ 袋;

(2)其他条件不变,星期一存量为 8。

表 6 – 16

星期(k)	1	2	3	4	5
需求量(d_k)单位:袋	10	20	25	30	30
每袋生产成本(c_k)	8	6	9	12	10

6.8 某企业计划委派 10 个推销员到 4 个地区推销产品,每个地区分配 1~4 个推销员。各地区月收益(单位:万元)与推销员人数的关系如表 6 – 17 所示。

企业如何分配 4 个地区的推销人员使月总收益最大。

表 6 – 17

地区 人数	A	B	C	D
1	40	50	60	70
2	70	120	200	240
3	180	230	230	260
4	240	240	270	300

7 网络模型

许多研究的对象往往可以用一个图表示,研究的目的归结为图的极值问题。本章继续讨论其他几种图的极值问题的网络模型。

运筹学中研究的图具有下列特征:

(1)用点表示研究对象,用边(有方向或无方向)表示对象之间某种关系;

(2)强调点与点之间的关联关系,不讲究图的比例大小与形状;

(3)每条边上都赋有一个权,其图称为赋权图。实际中权可以代表两点之间的距离、费用、利润、时间、容量等不同的含义;

(4)建立一个网络模型,求最大值或最小值。

如图 7-1 所示,点集合记为 $V = \{v_1, v_2, \cdots, v_6\}$,边用 $[v_i, v_j]$ 表示或简记为 $[i,j]$,集合记为 $E = \{[1,2],[1,3],\cdots,[5,6]\}$,边上的数字称为权,记为 $w[v_i, v_j]$、$w[i,j]$ 或 w_{ij},集合记为 $W = \{w_{12}, w_{13}, w_{14}, \cdots, w_{56}\}$。

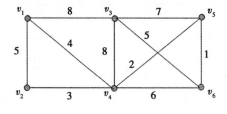

图 7-1

连通的赋权图称为网络图,记为:

$$G = \{V, E, W\}$$

网络图 7-1 可以提出许多极值问题:

(1)点 v_i 表示自来水工厂及用户,v_i 与 v_j 之间的边表示两点间可以铺设管道,权为 v_i 与 v_j 间铺设管道的距离或费用,极值问题是如何铺设管道,将自来水送到其他 5 个用户并且使总的费用最小,属于最小树问题。

(2)从某个点 v_i 出发到达另一个点 v_j,怎样安排路线使得总距离最短或总费用最小,属于最短路问题。

(3)将某个点 v_i 的物资或信息送到另一个点 v_j,使得流量最大,属于最大流问题。

(4)售货员从某个点 v_i 出发走过其他所有点后回到原点 v_i,如何安排路线使总路程最短,属于货郎担问题或旅行售货员问题。

(5)邮递员从邮局 v_i 出发要经过每一条边将邮件送到用户手中,最后回到邮局 v_i,如何安排路线使总路程最短,属于中国邮递员问题。

(6)在哪个点设置一个物资配送网络中心最好,属于服务点最优设置问题。

另外还有二分图的匹配问题等都涉及网络极值问题。

7.1 最小树问题

7.1.1 树的概念

一个无圈并且连通的无向图称为树图或简称树(*Tree*)。如图 7 – 2 是图 7 – 1 的一个管道铺设方案路线图,其特征是任意两点之间都有唯一的一条链(路)连通起来,是一棵树。类似组织机构、家谱、学科分支、因特网、通信网络及高压线路网络等都能表示成一个树图。

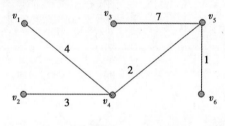

图 7 – 2

可以证明,一棵树的边数等于点数减 1;在树中任意两点之间添加一条边就形成圈;在树中去掉任意一条边图就变为不连通。

在一个连通图 G 中,取部分边连接 G 的所有点组成的树称为 G 的部分树或支撑树(Spanning Tree)。图 7 – 2 是图 7 – 1 的部分树。图 7 – 3 中 3 个图都不是图 7 – 1 的部分树。图 7 – 3(a)中 $\{v_1,v_2,v_3,v_4\}$ 形成一个圈(回路),图

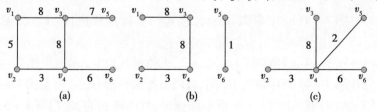

图 7 – 3

7 – 3(b)中$\{v_1,v_2,v_3,v_4\}$与$\{v_5,v_6\}$之间不连通,图7 – 3(c)没有包含点v_1。

7.1.2 最小部分树

将网络图G边上的权看做两点间的长度(距离、费用、时间),定义G的部分树T的长度等于T中每条边的长度之和,记为$C(T)$。G的所有部分树中长度最小的部分树称为最小部分树,或简称为最小树。如果一个连通图G本身不是一棵树,那么G的部分树不唯一。最小树问题就是在所有部分树中寻找树长最短的部分树。

最小部分树可以直接用作图的方法求解,常用的有破圈法和加边法。

破圈法。任取一圈,去掉圈中最长边,直到无圈。

【例7.1】 用破圈法求图7 – 1的最小树。

解 破圈法步骤如下:

(1)在图7 – 1中任意取一个圈,如$\{v_1,v_3,v_4\}$,去掉最长边$\{v_1,v_3\}$,见图7 – 4(a)。

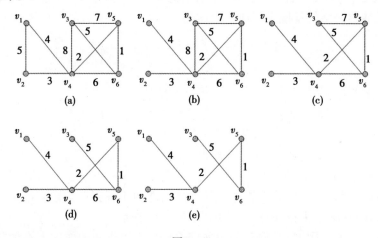

图7 – 4

(2)在图7 – 4(a)中任取一个圈$\{v_1,v_2,v_4\}$,去掉最长边$\{v_1,v_2\}$,见图7 – 4(b)。

(3)在图7 – 4(b)中取圈$\{v_3,v_5,v_6,v_4\}$,去掉最长边$\{v_3,v_4\}$,见图7 – 4(c)。

(4)在图7 – 4(c)中取圈$\{v_3,v_5,v_6\}$,去掉最长边$\{v_3,v_5\}$,见图7 – 4(d)。

(5)在图7 – 4(d)中取圈$\{v_4,v_5,v_6\}$,去掉最长边$\{v_4,v_6\}$,见图7 – 4(e)。

图7 – 4(e)就是图7 – 1的最小部分树,最小树长为$C(T) = 4 + 3 + 5 + 2 + 1 = 15$。

当一个圈中有多个相同的最长边时，不能同时都去掉，只能去掉其中任意一条边。最小部分树有可能不唯一，但最小树的长度相同。

加边法。取图 G 的 n 个孤立点 $\{v_1, v_2, \cdots, v_n\}$ 作为一个支撑图，从最短边开始往支撑图中添加，见圈回避，直到连通（有 $n-1$ 条边）。

加边法是去掉图的所有边，根据边的长度按升序添加，加边的过程中不能形成圈，当所有点都连通时得到最小树。因此这种加边避圈的方法也称为避圈法。

【例 7.2】 用加边法求图 7-1 的最小树。

解　去掉所有边得到支撑图 7-5(a)。首先添加最短边 $\{v_5, v_6\}$，再添加次短边 $\{v_4, v_5\}$，依次进行下去，见图 7-5。最后所有点都连通起来，得到最小树 7-5(f)，最小树的长度为 15。

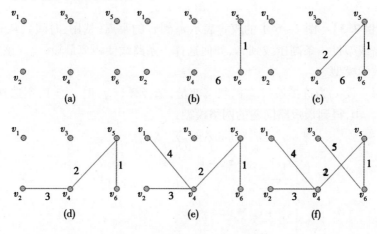

图 7-5

在图 7-5(e)中，如果添加边 $\{v_1, v_2\}$ 就形成圈 $\{v_1, v_2, v_4\}$，这时就应避开添加边 $\{v_1, v_2\}$，添加下一条最短边 $\{v_3, v_6\}$。破圈法和加边法得到树的形状可能不一样，但最小树的长度相等。

7.2　最短路问题

7.2.1　最短路问题的网络模型

最短路问题在实际中具有广泛的应用，如管道铺设、线路选择等问题，还有些如设备更新、投资等问题也可以归结为求最短路问题。

网络图 7-6 中的边有方向，表明路线只能沿着箭头方向行走，不能逆向而行。每条边都有方向的图称为有向图,部分边有方向的图称为混合图。将有方向的边称为弧并用有序对 $\{v_i,v_j\}$ 表示,v_i 是弧的起点(箭尾),v_j 是弧的终点(箭头)。图 7-6 中的 $\{v_2,v_3\}$ 与 $\{v_3,v_2\}$ 表示两条不同的弧。

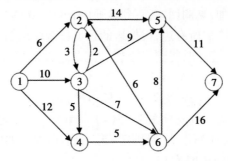

图 7-6

【例 7.3】 图 7-6 中的权 c_{ij} 表示 v_i 到 v_j 的距离(费用、时间),从 v_1 修一条公路或架设一条高压线到 v_7,如何选择一条路线使距离最短,建立该问题的网络数学模型。

解 设 x_{ij} 为选择弧 (i,j) 的状态变量,选择弧 (i,j) 时 $x_{ij}=1$,不选择弧 (i,j) 时 $x_{ij}=0$,得到最短路问题的网络模型:

$$\min Z = \sum_{(i,j)\in E} c_{ij} x_{ij}$$

$$\begin{cases} x_{12} + x_{13} + x_{14} = 1 \\ \sum_{(k,i)\in E} x_{ki} - \sum_{(i,j)\in E} x_{ij} = 0 \qquad i=2,3,\cdots,6 \\ x_{57} + x_{67} = 1 \\ x_{ij}=0 \text{ 或 } 1,(i,j)\in E \end{cases}$$

模型中变量个数等于图的弧数,约束个数等于图的点数,如点 v_3 的约束是:

$$x_{13} + x_{23} - x_{32} - x_{34} - x_{35} - x_{36} = 0$$

该模型是一个整数线性规划模型,可以采用整数规划的方法求解。对于最短路问题来说,在图上计算更为简单。

7.2.2 有向图的 Dijkstra 算法

Dijkstra(狄克斯屈拉)算法的基本思想是:若起点 v_s 到终点 v_t 的最短路经过点 v_1,v_2,v_3,则 v_1 到 v_t 的最短路是 $p_{1t}=\{v_1,v_2,v_3,v_t\}$,$v_2$ 到 v_t 的最短路是 $p_{2t}=\{v_2,v_3,v_t\}$,v_3 到 v_t 的最短路是 $p_{3t}=\{v_3,v_t\}$。具体计算是在图上进行一种标号迭代的过程。

设弧(i,j)的长度为$c_{ij} \geq 0$，v_i到v_j的最短路记为p_{ij}，最短路长记为L_{ij}。

点标号 $b(j)$表示起点v_s到点v_j的最短路长（距离），网络的起点v_s标号为$b(s) = 0$。

弧标号 $k(i,j) = b(i) + c_{ij}$。

（1）找出所有起点v_i已标号终点v_j未标号的弧，集合为$B = \{(i,j) \mid v_i$已标号；v_j未标号$\}$，如果这样的弧不存在或v_t已标号则计算结束；

（2）计算集合B中弧的标号：$k(i,j) = b(i) + c_{ij}$；

（3）$b(l) = \min\{k(i,j) \mid (i,j) \in B\}$，在弧的终点$v_l$标号$b(l)$，返回步骤（1）。

完成步骤（1）~（3）为一轮计算，每一轮计算至少得到一个点的标号，最多通过n（图的点数）轮计算得到最短路。

【例7.4】 用Dijkstra算法求图7-6所示v_1到v_7的最短路及最短路长。

解 起点v_1标号$b(1) = 0$。

第一轮，起点已标号终点未标号的弧集合$B = \{(1,2),(1,3),(1,4)\}$，$k(1,2) = b(1) + c_{12} = 0 + 6 = 6$，$k(1,3) = 0 + 10 = 10$，$k(1,4) = 0 + 12 = 12$，将弧的标号用圆括号填在弧上。

$$\min\{k(1,2),k(1,3),k(1,4)\} = \min\{6,10,12\} = 6$$

$k(1,2) = 6$最小，在弧$(1,2)$的终点v_2处标号$\boxed{6}$，见图7-7(a)。

第二轮，在图7-7(a)中，$B = \{(1,3),(1,4),(2,3),(2,5)\}$，$k(1,3)$与$k(1,4)$在第一轮中已计算，$k(2,3) = 6 + 3 = 9$，$k(2,5) = 6 + 14 = 20$，对弧$(2,3)$及$(2,5)$标号。

$$\min\{k(1,3),k(1,4),k(2,3),k(2,5)\} = \min\{10,12,9,20\} = 9$$

$k(2,3) = 9$最小，在弧$(2,3)$的终点v_3处标号$\boxed{9}$，见图7-7(b)。注意，这里弧$(3,2)$不在集合B中。

第三轮，在图7-7(b)中，$B = \{(1,4),(2,5),(3,4),(3,5),(3,6)\}$，$k(1,4)$与$k(2,5)$在前两轮已计算，$k(3,4) = 9 + 5 = 14$，$k(3,5) = 9 + 9 = 18$，$k(3,6) = 9 + 7 = 16$，对弧$(3,4)$、$(3,5)$及$(3,6)$标号。

$$\min\{k(1,4),k(2,5),k(3,4),k(3,5),K(3,6)\} = \min\{12,20,14,18,16\} = 12$$

$k(1,4) = 12$最小，在弧$(1,4)$的终点v_4处标号$\boxed{12}$，见图7-8(a)。

第四轮，在图7-8(a)中，$B = \{(2,3),(2,5),(3,6),(4,6)\}$，$k(2,5)$、$k(3,5)$、$k(3,6)$在前面已计算，$k(4,6) = 12 + 5 = 17$，$k(3,5) = 9 + 9 = 18$，对弧$(4,6)$标号。

$$\min\{k(2,5),k(3,5),k(3,6),k(4,6)\} = \min(20,18,16,17) = 16$$

$k(3,6) = 16$ 最小,在弧 $(3,6)$ 的终点 v_6 处标号 $\boxed{16}$,见图 $7-8(b)$。

第五轮,在图 $7-8(b)$ 中,$B = \{(2,5),(3,5),(6,5),(6,7)\}$,$k(2,5)$ 与 $k(3,5)$ 在前面已计算,$k(6,5) = 16 + 8 = 24$,$k(6,7) = 16 + 16 = 32$,对弧 $(6,5)$ 及 $(6,7)$ 标号。

$$\min\{k(2,5),k(3,5),k(6,5),k(6,7)\} = \min\{20,18,24,32\} = 18$$

$k(3,5) = 18$ 最小,在弧 $(3,5)$ 的终点 v_5 处标号 $\boxed{18}$,见图 $7-9(a)$。

第六轮,在图 $7-9(a)$ 中,$B = \{(6,5),(6,7)\}$,$k(6,7) = 32$,$k(5,7) = 18 + 11 = 29$,对弧 $(5,7)$ 标号。

$$\min\{k(6,7),k(5,7)\} = \min\{32,29\} = 29$$

$k(5,7) = 29$ 最小,在弧 $(5,7)$ 的终点 v_7 处标号 $\boxed{29}$,见图 $7-9(b)$。

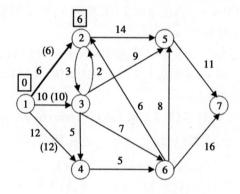

图 $7-7(a)$

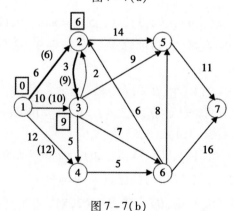

图 $7-7(b)$

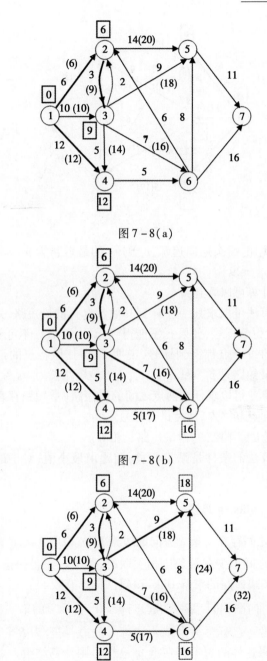

图 7 – 8 (a)

图 7 – 8 (b)

图 7 – 9 (a)

图 7 – 9(b)的终点 v_7 已标号,说明已得到 v_1 到 v_7 的最短路,计算结束。

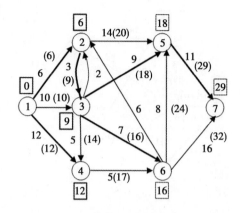

图 7-9(b)

从终点 v_7 沿着加粗的箭头逆向追踪，v_1 到 v_7 的最短路为 $p_{17} = \{v_1, v_2, v_3, v_5, v_7\}$，最短路长为 $L_{17} = 29$。

从例 7.4 的计算可以看到：

（1）Dijkstra 算法可以求某一点 v_i 到其他各点 v_j 的最短路，只要将 v_j 看做路线的终点，使 v_j 得到标号，如果 v_j 不能得到标号，说明 v_i 不可到达 v_j。

图 7-9(b) 的每个点都得到标号，说明 v_1 到其他各点的最短路已经找到，如 v_1 到 v_6 的最短路是 $p_{16} = \{v_1, v_2, v_3, v_6\}$，最短路长为 16。

（2）Dijkstra 算法可以求任意两点之间的最短路（最短路存在），只要将两个点看做路线的起点和终点，然后进行标号。

（3）最短路线可能不唯一，但最短路长相等。

（4）Dijkstra 算法的条件是弧长非负，问题求最小值，对于最大值问题无效。

7.2.3　无向图的 Dijkstra 算法

如果 v_i 与 v_j 之间存在一条无方向的边相关联，说明 v_i 与 v_j 两点之间可以互达。当 v_i 与 v_j 之间至少有两条边相关联时，留下一条最短边，去掉其他关联边。对于无向图最短路的求解 Dijkstra 算法同样有效。

标号方法与有向图相同，路线的起点标号 $\boxed{0}$，将标号的第一步改为：

找出所有一端 v_i 已标号另一端 v_j 未标号的边，集合为 $B = \{[i, j] | v_i$ 已标号 v_j 未标号 $\}$，如果这样的边不存在或 v_i 已标号则计算结束。点标号和边标号的计算公式相同。

【例 7.5】　用 Dijkstra 算法求图 7-10 所示的 v_1 到其他各点的最短路。

解　起点 v_1 标号 $\boxed{0}$。

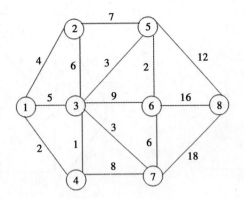

图 7 - 10

第一轮,一端已标号另一端未标号的边集合 $B = \{[1,2],[1,3],[1,4]\}$, $k(1,2) = b(1) + c_{12} = 0 + 4 = 4$, $k(1,3) = 0 + 5 = 5$, $k(1,4) = 0 + 2 = 2$, 将边的标号用圆括号填在边上。

$\min\{k(1,2),k(1,3),k(1,4)\} = \min\{4,5,2\} = 2$

$k(1,4) = 2$ 最小, 点 v_4 标号 $\boxed{2}$, 见图 7 - 11(a)。

第二轮, 图 7 - 11(a)中, $B = \{[1,2],[1,3],[4,3],[4,7]\}$, $k(4,3) = 2 + 1 = 3$, $k(4,7) = 2 + 8 = 10$, $\min\{k(1,2),k(1,3),k(4,3),k(4,7)\} = \min\{4,5,3,10\} = 3$

$k(4,3) = 3$ 最小, 点 v_3 标号 $\boxed{3}$, 见图 7 - 11(b)。

继续标号, 第三轮得到点 v_2 的标号, 见图 7 - 12(a)。第四轮得到两个点 v_5 与 v_7 的标号, 见图 7 - 12(b)。第五轮得到点 v_6 的标号, 见图 7 - 13(a)。第六轮得到点 v_8 的标号, 见图 7 - 13(b)。所有点得到标号, 计算结束。

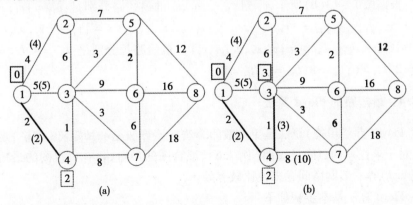

图 7 - 11

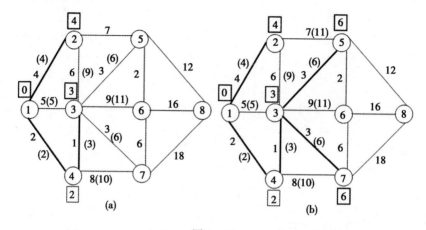

图 7 − 12

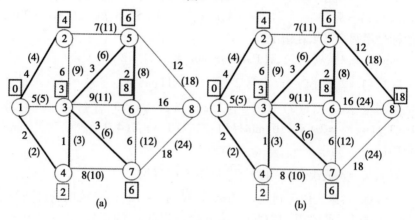

图 7 − 13

根据图 7 − 13(b)所示,v_1 到 v_2,v_3,$\cdots$,v_8 的最短路分别是:$p_{12} = \{v_1, v_2\}$,$p_{13} = \{v_1, v_4, v_3\}$,$p_{14} = \{v_1, v_4\}$,$v_{15} = \{v_1, v_4, v_3, v_5\}$,$p_{16} = \{v_1, v_4, v_3, v_5, v_6\}$,$p_{17} = \{v_1, v_4, v_3, v_7\}$,$p_{18} = \{v_1, v_4, v_3, v_5, v_8\}$。最短路长分别是:$L_{12} = 4$,$L_{13} = 3$,$L_{14} = 2$,$L_{15} = 6$,$L_{16} = 8$,$L_{17} = 6$,$L_{18} = 18$。

7.2.4　最短路的 Floyd 算法

Floyd(弗洛伊德)算法是更一般的算法。该算法是一种矩阵(表格)迭代法,对于求任意两点间最短路(例 7.6)、混合图的最短路、有负权图的最短路(例 7.7)等一般网络问题来说比较有效。

Floyd 算法基本步骤如下:

(1)写出 v_i 一步到达 v_j 的距离矩阵 $L_1 = (L_{ij}^{(1)})$,L_1 也是一步到达的最短

距离矩阵。如果 v_i 与 v_j 之间没有边关联，则令 $c_{ij} = +\infty$ 。

（2）计算两步最短距离矩阵。设 v_i 到 v_j 经过一个中间点 v_r 两步到达 v_j，则 v_i 到 v_j 的最短距离为：

$$L_{ij}^{(2)} = \min\{c_{ir} + c_{rj}\} \qquad (7-1)$$

最短距离矩阵记为 $L_2 = (L_{ij}^{(2)})$ 。

（3）计算 k 步最短距离矩阵。设 v_i 经过中间点 v_r 到达 v_j，v_i 经过 $k-1$ 步到达点 v_r 的最短距离为 $L_{ir}^{(k-1)}$，v_r 经过 $k-1$ 步到达点 v_j 的最短距离为 $L_{rj}^{(k-1)}$，则 v_i 经过 k 步到达 v_j 的最短距离为：

$$L_{ij}^{(k)} = \min_r\{L_{ir}^{(k-1)} + L_{rj}^{(k-1)}\} \qquad (7-2)$$

最短距离矩阵记为 $L_k = (L_{ij}^{(k)})$ 。

（4）比较矩阵 L_k 与 L_{k-1}，当 $L_k = L_{k-1}$ 时得到任意两点间的最短距离矩阵 L_k 。

设图的点数为 n 并且 $c_{ij} \geqslant 0$，迭代次数 k 由式（7-3）估计得到。

$$2^{k-1} - 1 < n - 2 \leqslant 2^k - 1$$

$$k - 1 < \frac{\lg(n-1)}{\lg 2} \leqslant k \qquad (7-3)$$

应当注意，这里的 k 是迭代次数，不一定等于 v_i 到达 v_j 最短路中间所经过的点数，中间点最多等于 $2^{k-1} - 1$，经过一条边看做是一步，则最多走 2^{k-1} 步。

【例 7.6】 图 7-14 是一张 8 个城市的铁路交通图，铁路部门要制作一张两两城市间的距离表。这个问题实际就是求任意两点间的最短路问题。

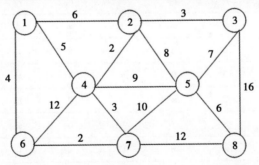

图 7-14

解 （1）依据图 7-14，写出任意两点间一步到达距离表 L_1，见表 7-1。本例 $n = 8, \dfrac{\lg 7}{\lg 2} = 2.807$，因此计算到 L_3 。

（2）由式（7-1）得到矩阵 L_2，见表7-2。

表7-2 计算示例：

$L_{ij}^{(2)}$ 等于表7-1中第 i 行与第 j 列对应元素相加取最小值。例如，v_4 经过两步（最多一个中间点）到达 v_3 的最短距离是：

$$L_{43}^{(2)} = \min\{c_{41}+c_{13}, c_{42}+c_{23}, c_{43}+c_{33}, c_{44}+c_{43}, c_{45}+c_{53}, c_{46}+c_{63}, c_{47}+c_{73}, c_{48}+c_{83}\}$$

$$= \min\{5+\infty, 2+3, \infty+0, 0+\infty, 9+7, 12+\infty, 3+\infty, \infty+16\} = 5$$

（3）由式（7-2）得到矩阵 L_3，见表7-3。

表7-3 计算示例：

$L_{ij}^{(3)}$ 等于表7-2中第 i 行与第 j 列对应元素相加取最小值。例如，v_3 经过三步（最多三个中间点4条边）到达 v_6 的最短距离是：

$$L_{36}^{(3)} = \min\{L_{31}^{(2)}+L_{16}^2, L_{32}^{(2)}+L_{26}^2, L_{33}^{(2)}+L_{36}^2, \cdots, L_{38}^{(2)}+L_{86}^2\}$$

$$= \min\{9+4, 3+10, 0+\infty, 5+5, 7+12, \infty+0, 17+2, 13+14\} = 10$$

由表7-2及表7-1可知，最短距离由4条边长之和构成：

$$L_{34}^{(2)}+L_{46}^{(2)} = (L_{32}^{(1)}+L_{24}^{(1)})+(L_{47}^{(1)}+L_{76}^{(1)}) = c_{32}+c_{24}+c_{47}+c_{76} = 3+2+3+2 = 10$$

则 v_3 到 v_6 的最短路线是：$v_3 \rightarrow v_2 \rightarrow v_4 \rightarrow v_7 \rightarrow v_6$。

表7-3就是最优表，即任意两点间的最短距离。取表中下三角得到8个城市间的铁路交通距离表。

表7-1

	v_1	v_2	v_3	v_4	v_5	v_6	v_7	v_8
v_1	0	6	∞	5	∞	4	∞	∞
v_2	6	0	3	2	8	∞	∞	∞
v_3	∞	3	0	∞	7	∞	∞	16
v_4	5	2	∞	0	9	12	3	∞
v_5	∞	8	7	9	0	∞	10	6
v_6	4	∞	∞	12	∞	0	2	∞
v_7	∞	∞	∞	3	10	2	0	12
v_8	∞	∞	16	∞	6	∞	12	0

表 7 - 2

	v_1	v_2	v_3	v_4	v_5	v_6	v_7	v_8
v_1	0	6	9	5	14	4	6	∞
v_2	6	0	3	2	8	10	5	14
v_3	9	3	0	5	7	∞	17	13
v_4	5	2	5	0	9	5	3	15
v_5	14	8	7	9	0	12	10	6
v_6	4	10	∞	5	12	0	2	14
v_7	6	5	17	3	10	2	0	12
v_8	∞	14	13	15	6	14	12	0

表 7 - 3

	v_1	v_2	v_3	v_4	v_5	v_6	v_7	v_8
v_1	0	6	9	5	14	4	6	18
v_2	6	0	3	2	8	7	5	14
v_3	9	3	0	5	7	10	8	13
v_4	5	2	5	0	9	5	3	15
v_5	14	8	7	9	0	12	10	6
v_6	4	7	10	5	12	0	2	14
v_7	6	5	8	3	10	2	0	12
v_8	18	14	13	15	6	14	12	0

【例 7.7】 求图 7 - 15 中任意两点间的最短距离。

解 图 7 - 15 是一个混合图,有 3 条边的权是负数,有两条边无方向。依据图 7 - 15,写出任意两点间一步到达距离表 L_1。表中第一列的点表示弧的起点,第一行的点表示弧的终点,无方向的边表明可以互达,如表 7 - 4 所示。计算过程见表 7 - 5 至表 7 - 7。

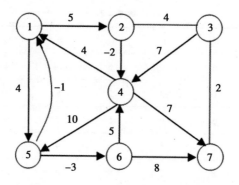

图 7 – 15

表 7 – 4

	v_1	v_2	v_3	v_4	v_5	v_6	v_7
v_1	0	5	∞	∞	4	∞	∞
v_2	∞	0	4	– 2	∞	∞	∞
v_3	∞	4	0	7	∞	∞	2
v_4	4	∞	∞	0	10	∞	7
v_5	– 1	∞	∞	∞	0	– 3	∞
v_6	∞	∞	∞	5	∞	0	8
v_7	∞	∞	2	∞	∞	∞	0

表 7 – 5

	v_1	v_2	v_3	v_4	v_5	v_6	v_7
v_1	0	5	9	3	4	1	∞
v_2	2	0	4	– 2	8	∞	5
v_3	11	4	0	2	17	∞	2
v_4	4	9	9	0	8	7	7
v_5	– 1	4	∞	2	0	– 3	5
v_6	9	∞	10	5	15	0	8
v_7	∞	6	2	9	∞	∞	0

表 7 −6

	v_1	v_2	v_3	v_4	v_5	v_6	v_7
v_1	0	5	9	3	4	1	9
v_2	2	0	4	−2	6	3	5
v_3	6	4	0	2	10	9	2
v_4	4	9	9	0	8	5	7
v_5	−1	4	7	2	0	−3	5
v_6	9	14	10	5	13	0	8
v_7	8	6	2	4	14	16	0

表 7 −7

	v_1	v_2	v_3	v_4	v_5	v_6	v_7
v_1	0	5	9	3	4	1	9
v_2	2	0	4	−2	6	3	5
v_3	6	4	0	2	10	7	2
v_4	4	9	9	0	8	5	7
v_5	−1	4	7	2	0	−3	5
v_6	9	14	10	5	13	0	8
v_7	8	6	2	4	12	9	0

经计算 $L_4 = L_5$，L_4 是最优表。表 7 − 7 不是对称表，v_i 到 v_j 与 v_j 到 v_i 的最短距离不一定相等。对于有负权图情形，式(7 − 3)失败。

7.2.5　最短路应用举例

【例 7.8】　设备更新问题。企业在使用某设备时，每年年初可购置新设备，也可以使用一年或几年后卖掉重新购置新设备。已知 4 年年初购置新设备的价格分别为 2.5 万元、2.6 万元、2.8 万元和 3.1 万元。设备使用了 1～4 年后设备的残值分别为 2 万元、1.6 万元、1.3 万元和 1.1 万元，使用时间在 1～4 年内的维修保养费用分别为 0.3 万元、0.8 万元、1.5 万元和 2.0 万元。试确定一个设备更新策略，在下列两种情形下使 4 年的设备购置和维护总费用最小。

（1）第 4 年年末设备一定处理掉；（2）第 4 年年末设备不处理。

解　画网络图。用点 $(1,i,\cdots,j)$ 表示第 1 年年初购置设备使用到第 i 年年初更新，经过若干次更新使用到第 j 年年初，第 1 年年初和第 5 年年初分别用①及⑤表示。使用过程用弧连接起来,弧上的权表示总费用(购置费+维护费-残值),如图7-16所示。由题意,将费用汇总在表7-8中。

下面对网络图7-16和表7-8稍作说明。其中点(1,3)表示第1年购置设备使用两年到第3年年初更新购置设备,这时有2种更新方案,使用1年到第4年年初、使用2年到第5年年初,更新方案用弧表示,见图7-17(a)。点(1,2,3)表示第1年购置设备使用一年到第2年年初又更新,使用一年到第3年年初再更新,这时仍然有2种更新方案,使用1年到第4年年初和使用2年到第5年年初,见图7-17(b)。点(1,3)和点(1,2,3)不能合并成一个点,虽然都是第3年年初购置新设备,购置费用相同,但残值不同。点(1,3)的残值等于1.6(使用了两年),点(1,2,3)的残值等于2(使用了一年)。点(1,3)到点(1,3,4)的总费用为:

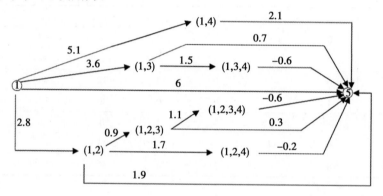

图7-16

表7-8

	1	1,2	1,3	1,4	1,2,3	1,2,4	1,3,4	1,2,3,4	5(处理)	5(不处理)
1		2.8	3.6	5.1					6.0	7.1
1,2					0.9	1.7			1.9	3.2
1,3							1.5		0.7	2.3
1,4									2.1	3.4
1,2,3								1.1	0.3	1.9
1,2,4									-0.2	1.8
1,3,4									-0.6	1.4
1,2,3,4									-0.6	1.4
5										

第3年的购置费+第1年的维护费-设备使用2年后的残值=2.8+0.3-1.6=1.5

点(1,3)到点⑤的总费用为：

第3年的购置费＋第1年的维护费＋第2年的维护费－设备使用2年后的残值－第4年年末的残值＝$2.8+0.3+0.8-1.6-1.6=0.7$

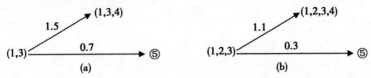

图7－17

图7－16中的点(1,3,4)和点(1,2,3,4)可以合并。表7－8最后一列是第4年年末不处理设备的费用。

(1)第4年年末处理设备，求点①到点⑤的最短路。用Dijkstra算法得到最短路线为①→(1,2)→(1,2,3)→⑤，最短路长为4。

4年总费用最小的设备更新方案是：第1年购置设备使用1年，第2年更新设备使用1年后卖掉，第3年购置设备使用2年到第4年年末，4年的总费用为4万元。

(2)第4年年末不处理设备，将图7－16第4年的数据换成表7－8最后一列，求点①到点⑤的最短路。最短路线为①→(1,2)→(1,2,3)→⑤，最短路长为5.6，即总费用为5.6万元。更新方案与第一种情形相同。

【例7.9】 服务网点设置。以图7－14为例，现提出这样一个问题，在交通网络中建立一个快速反应中心，应选择哪一个城市最好。类似地，在一个网络中设置一所学校、医院、消防站、购物中心，还有厂址选择、总部选址、公司销售中心选址等问题都属于最佳服务网点设置问题。

解 对于不同的问题，寻找最佳服务点有不同的标准。像图7－14只有两点间的距离，可以采用"使最大服务距离达到最小"为标准，计算步骤如下。

第一步：利用Floyd算法求出任意两点之间的最短距离表（表7－3）。

第二步：计算最短距离表中每行的最大距离的最小值，即：

$$L = \min_i \max_j \{L_{ij}\}$$

L所在行对应的点就是最佳服务点，也称为网络的中心。

引用例7.6计算的结果，对表7－3每行取最大值再取最小值，见表7－9倒数第二列。

表7－9中倒数第二列最小值为12，位于第七行，则v_7为网络的中心，最佳服务点应设置在v_7。

如果每个点还有一个权数，例如一个网点的人数、需要运送的物质数量、产量等，这时采用"使总运量最小"为标准，计算方法是将上述第二步的最大距离改为总运量,总运量的最小值对应的点就是最佳服务点。

表 7 – 9 中最后一行是点 v_j 的产量,将各行的最小距离分别乘以产量求和得到总运量,见表 7 – 9 最后一列,最小运量为 2450,最佳服务点应设置在 v_4。

表 7 – 9

	v_1	v_2	v_3	v_4	v_5	v_6	v_7	v_8	$\max L_{ij}$	总运量
v_1	0	6	9	5	14	4	6	18	18	3220
v_2	6	0	3	2	8	7	5	14	14	2465
v_3	9	3	0	5	7	10	8	13	13	2955
v_4	5	2	5	0	9	5	3	15	15	**2450**
v_5	14	8	7	9	0	12	10	6	14	3780
v_6	4	7	10	5	12	0	2	14	14	2960
v_7	6	5	8	3	10	2	0	12	12	2560
v_8	18	14	13	15	6	14	12	0	18	5040
产量	80	50	70	40	30	35	60	65		

7.3 最大流问题

7.3.1 基本概念

图 7 – 18 所示的网络图中定义了一个发点 v_1,称为源(source,supply node),定义了一个收点 v_7,称为汇(sink,demand node),其余点 $v_2,v_3,\cdots,v_6$ 为中间点,称为转运点(transshipment node)。如果有多个发点和收点,则虚设发点和收点转化成一个发点和收点。图中的权是该弧在单位时间内的最大通过能力,称为弧的容量(capacity)。最大流问题是在单位时间内安排一个运送方案,将发点的物质沿着弧的方向运送到收点,使总运输量最大。

最大流问题在实际中是一种常见的问题。这里之所以称为流,因为它是流动的,如常见的物流、水流、气流、电流及信息流等。这些流在某一时间内的通过量是有限的,如长江武汉段的水流量最大通过能力为 6.5 万 m^3/s,某大桥每小时最多只能通过 4 000 辆汽车。

设 c_{ij} 为弧 (i,j) 的容量,f_{ij} 为弧 (i,j) 的流量。容量是弧 (i,j) 单位时间内的最大通过能力,流量是弧 (i,j) 单位时间内的实际通过量,流量的集合 $f=\{f_{ij}\}$ 称为网络的流。发点到收点的总流量记为 $v=val(f)$,v 也是网络的流量。

最大流问题可以建立类似式(7 – 4)形式的线性规划数学模型。图 7 – 18

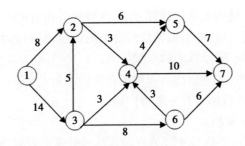

图 7 - 18

最大流问题的线性规划数学模型为：

$$\max v = f_{12} + f_{13}$$

$$\begin{cases} f_{12} + f_{13} - f_{57} - f_{47} - f_{67} = 0 \\ \sum_{v_m} f_{im} - \sum_{v_m} f_{mj} = 0 \text{ 所有中间点 } v_m \\ 0 \leqslant f_{ij} \leqslant c_{ij} \qquad \text{所有弧}(i,j) \end{cases} \qquad (7-4)$$

由线性规划理论知，满足式(7-4)约束条件的解 $\{f_{ij}\}$ 称为可行解，在最大流问题中称为可行流。

可行流满足下列三个条件：

(1) $0 \leqslant f_{ij} \leqslant c_{ij}$ 所有弧(i,j)

(2) $\sum_{v_m} f_{im} = \sum_{v_m} f_{km}$ 所有中间点 v_m

(3) $v = \sum_{v_s} f_{sj} = \sum_{v_t} f_{it}$ 发点 v_s 流出的总流量等于流入收点 v_t 的总流量

条件(2)和条件(3)也称为流量守恒(conservation of flow)条件。如果存在有流入发点的流和收点流出的流，应从式中减去，条件(3)变为：

$$\sum_{v_s} f_{sj} - \sum_{v_s} f_{is} = \sum_{v_t} f_{it} - \sum_{v_s} f_{tj}$$

求解式(7-4)可以得到最优解，这里介绍直接在图上用标号算法求最大流。

7.3.2 Ford - Fulkerson 标号算法

从发点到收点的一条路线(弧的方向不一定相同)称为链，从发点到收点的方向规定为链的方向。与链的方向相同的弧称为前向弧。与链的方向相反的弧称为后向弧。

设 f 是一个可行流，如果存在一条从发点 v_s 到收点 v_t 的链，满足：

(1) 所有前向弧上 $f_{ij} < c_{ij}$；

(2) 所有后向弧上 $f_{ij} > 0$。

则该链称为增广链，记为 u，前向弧集合记为 u^+，后向弧集合记为 u^-。

标号算法是一种图上迭代计算方法,该算法首先给出一个初始可行流,通过标号找出一条增广链,然后调整增广链上的流量,得到更大的流量。

Ford – Fulkerson 标号算法的步骤如下:

第一步,找出第一个可行流,例如所有弧的流量 $f_{ij} = 0$。

第二步,对点进行标号找一条增广链。

(1)发点标号(∞);

(2)选一个点 v_i 已标号并且另一端未标号的弧沿着某条链向收点检查。

①如果弧的方向向前(前向弧)并且有 $f_{ij} < c_{ij}$,则 v_j 标号 $\theta_j = c_{ij} - f_{ij}$;

②如果弧的方向指向 v_i(后向弧)并且有 $f_{ij} > 0$,则 v_j 标号 $\theta_j = f_{ji}$。

当收点已得到标号时,说明已找到增广链,依据 v_i 的标号反向跟踪得到一条增广链。当收点不能得到标号时,说明不存在增广链,计算结束。

第三步,调整流量。

(1)求增广链上点 v_i 的标号的最小值,得到调整量 $\theta = \min\limits_{j}\{\theta_j\}$;

(2)调整流量。

$$f_1 = \begin{cases} f_{ij} & (i,j) \notin u \\ f_{ij} + \theta & (i,j) \in u^+ \\ f_{ij} - \theta & (i,j) \in u^- \end{cases} \qquad (7-5)$$

得到新的可行流 f_1,去掉所有标号,返回到第二步从发点重新标号寻找增广链,直到收点不能标号为止。

设可行流 f 的流量为 v,如果存在增广链,由式(7-5)知,通过调整增广链上的流量,得到的可行流 f_1 的流量 $v_1 = v + \theta > v$。如果不存在增广链,可行流是最大流,得到定理 7.1。

【定理7.1】 可行流 f 是最大流的充分必要条件是不存在发点到收点的增广链。

【例7.10】 求图 7 – 18 发点 v_1 到收点 v_7 的最大流及最大流量。

解 (1)给出一个初始可行流,弧的流量放在括号内,如图 7 – 19 所示。

(2)标号寻找增广链。

发点标号 ∞,用"□"表示标在发点 v_1 处。v_1 已标号,与 v_1 相邻的两个点 v_2 和 v_3 都没有标号,任意选一个点检查,如选 v_2。v_2 能否得到标号要看是否满足上述步骤二的条件①或②中的一个。弧(1,2)的箭头指向 v_2 是前向弧,因为 $f_{12} = 6 < c_{12} = 8$ 满足条件①,因此 v_2 可以标号,给 v_2 标号 $\theta_2 = c_{12} - f_{12} = 8 - 6 = 2$,见图 7 – 20(a)。

选择已标号点 v_2,与 v_2 相邻并且没有标号的点有 v_3,v_4 和 v_5,逐个检查能

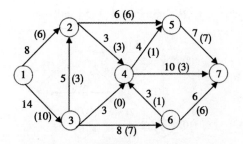

图 7 – 19

否标号,如果某个点能标号就一直向前,不必要相邻点都标号,如果点不能标号再检查下一个点。弧$(2,4)$和$(2,5)$是向前弧,流量等于容量不满足条件①,v_4 和 v_5 不能标号。再检查 v_3,弧$(3,2)$是后向弧有 $f_{32}=3>0$,满足条件②,给 v_3 标号 $\theta_3=f_{32}=3$。

选择已标号点 v_3,由条件①,v_4 和 v_5 都能标号,选择 v_4 标号 $\theta_4=c_{34}-f_{34}=3$,接下来给 v_7 标号 $\theta_7=c_{47}-f_{47}=10-3=7$,见图 7 – 20(b)。

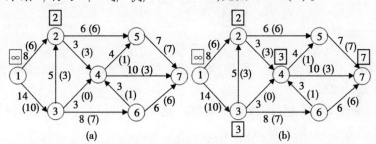

图 7 – 20

v_7 已标号说明找到一条增广链,沿着标号的路线追踪得到增广链 $u=\{(1,2),(3,2),(3,4),(4,7)\}$,$u^+=\{(1,2),(3,4),(4,7)\}$,$u^-=\{(3,2)\}$,调整量为增广链上点标号的最小值:

$$\theta=\min\{\infty,2,3,3,7\}=2$$

(3)调整增广链上的流量。在图 7 – 19 中,弧$(1,2)$、$(3,4)$及$(4,7)$上的流量分别加上 2,弧$(3,2)$上的流量减去 2,其余弧上的流量不变,得到图 7 – 21。

(4)对图 7 – 21 标号。发点标号 ∞,v_2 不能标号,v_3 标号 $\theta_3=c_{13}-f_{13}=4$。v_2、v_4 和 v_6 都可以标号,当选择 v_2 标号 $\theta_2=c_{32}-f_{32}=4$ 时,v_4 和 v_5 不能标号,不能说明不存在增广链,这时应回头选择 v_4 和 v_6 标号。这里选择 v_4 标号 $\theta_4=c_{34}-f_{34}=1$,继续标号选择 v_7 标号 $\theta_7=c_{47}-f_{47}=5$。得到发点到收点的增广链 $u=u^+=\{(1,3),(3,4),(4,7)\}$,见图 7 – 22。调整量为:

$$\theta = \min\{\infty, 4, 1, 5\} = 1$$

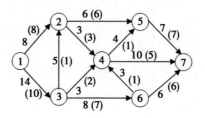

图 7 - 21

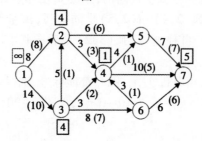

图 7 - 22

对图 7 - 21 的流量进行调整,增广链上弧的流量加上 1,其余弧的流量不变得到图 7 - 23。

(5)对图 7 - 23 标号,得到一条增广链 $u = \{(1,3),(3,6),(6,4),(4,7)\}$,见图 7 - 24。调整量为:

$$\theta = \min\{\infty, 3, 1, 2, 4\} = 1$$

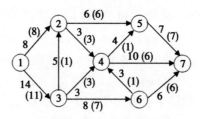

图 7 - 23

对图 7 - 23 的流量进行调整,增广链上弧的流量加上 1,其余弧的流量不变得到图 7 - 25。

(6)对图 7 - 25 标号。v_1,v_3 和 v_2 得到标号,其余点都不能标号,说明已不存在发点到收点的增广链,见图 7 - 26。由定理 7.1 知图 7 - 25 所示的流是最大流,网络的最大流量为:

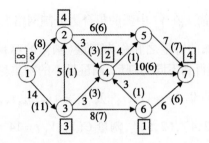

图 7 – 24

$$v = f_{12} + f_{13} = 8 + 12 = 20$$

标号法计算完成。

对于无向图最大流的计算,将所有弧都理解为是前向弧,对一端 v_i 已标号另一端 v_j 未标号的边只要满足 $C_{ij} - f_{ij} > 0$ 则 v_j 就可标号($C_{ij} - f_{ij}$),调整流量的方法与有向图计算相同。

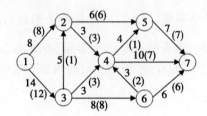

图 7 – 25

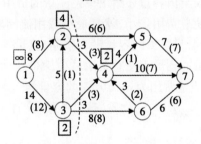

图 7 – 26

7.3.3 割集与割量

割集是分割网络发点与收点的一组弧集合,从网络中去掉这组弧就断开网络,发点就不能到达收点。

一般地,将网络的点集 V 分割成两部分 V_1 及 $\bar{V}_1$,其中发点 $v_s \in V_1$,收点 v_t

$\in \bar{V_1}$，称箭尾在 V_1 中箭头在 $\bar{V_1}$ 中弧的集合为分割网络发点与收点的割集，记为 $(V_1, \bar{V_1})$。割集中弧的容量之和称为割量（割集的容量），记为 $C(V_1, \bar{V_1})$。对点集 V 的不同分割得到不同的割量，割量最小的割集称为最小割集。

图 7-26 中，取点集 $V_1 = \{v_1, v_2\}$ 及 $\bar{V_1} = \{v_3, v_4, v_5, v_6, v_7\}$，对应的割集 $(V_1, \bar{V_1}) = \{(1,3), (2,4), (2,5)\}$，割量 $C(V_1, \bar{V_1}) = 14 + 3 + 6 = 23$。

又如，取虚线分割的点集 $V_2 = \{v_1, v_2, v_3\}$，及 $\bar{V_2} = \{v_4, v_5, v_6, v_7\}$，对应的割集 $(V_2, \bar{V_2}) = \{(2,4), (2,5), (3,4), (3,6)\}$，割量 $C(V_2, \bar{V_2}) = 6 + 3 + 3 + 8 = 20$。

可以证明下列最大流最小割量定理成立。

【定理 7.2】 网络的最大流量等于它的最小割量。

当最大流已求出后，将最后一张图已标号点与未能标号的点组成两个点集，对应的割集就是最小割集。$C(V_2, \bar{V_2})$ 是最小割量，并且刚好等于最大流量。割集 $(V_2, \bar{V_2})$ 中每一条弧的流量等于容量（饱和弧）。因此，网络的最大流量取决于最小割集中弧的容量，如果想增加网络的流量，首先应扩大这些弧的容量。

7.3.4 最小费用流

有时网络的弧不仅给出容量还给出单位流量的费用，求一个可行流，满足流量达到一个固定数使总费用最小，就是最小费用流问题。第 5 章的运输问题是最小费用流的特例，只是弧的容量没有限制，流量等于产量（销量）之和。另一个问题是满足流量达到最大使总费用最小，称为最小费用最大流问题。

设弧 (i,j) 的单位流量费用为 $d_{ij} \geq 0$，弧的容量为 $c_{ij} \geq 0$。图 7-27 是一个运输网络图，将工厂 v_1、v_2 及 v_3 的物质（数量不限）运往 v_6，v_4 和 v_5 是中转点，弧上的数字为 (c_{ij}, d_{ij})。

（1）制定一个总运量等于 15 总运费最小的运输方案，属于最小费用流问题。

（2）制定使运量最大并且总运费最小的运输方案，属于最小费用最大流问题。

虚拟一个发点 v_s，弧的费用等于零，容量等于以弧的终点为起点弧的容量之和，得到一个发点一个收点的网络图，见图 7-28。当运输方案唯一，得到的费用也就是最小费用，如果方案不唯一，对应的费用不一定最小。最小费用流的求解是将问题化为最短路问题求解。

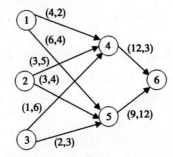

图 7 – 27

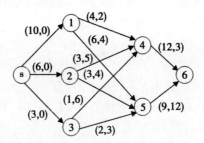

图 7 – 28

设可行流 f 的一条增广链为 u，称：

$$d(u) = \sum_{u^+} d_{ij} - \sum_{u^-} d_{ij}$$

为增广链 u 的费用。第一个求和式是增广链中前向弧的费用之和，第二个求和式是增广链中后向弧的费用之和。$d(u)$ 最小的增广链称为最小费用增广链。

最小费用流的算法通常采用对偶算法，其基本思路是，给定一个初始流量 $v^{(0)}$，找出其最小费用流 $f^{(0)}$，如初始流量为零的流 $f^{(0)} = \{0\}$ 是最小费用流。然后利用 Ford – Fulkerson 标号算法寻找一条从发点到收点的最小费用增广链，调整量为 θ，调整后的流量为 $v^{(0)} + \theta$。不断寻找最小费用增广链和调整流量，直到流量等于事先给定的流量 v 为止。

可以证明，流量为 $v^{(k-1)}$ 的可行流 $f^{(k-1)}$，其最小费用增广链的调整量为 θ，则调整后的可行流 $f^{(k)}$ 是流量为 $v^k = v^{(k-1)} + \theta$ 的最小费用流。

最大流的标号算法关键是找增广链，而对增广链的调整量是多少没有什么要求，更不用考虑费用。最小费用流的标号算法（对偶算法）的关键不仅要找增广链，更重要的是寻找所有增广链中费用最小的那条增广链。

设给定的流量为 v，最小费用流的标号算法步骤如下。

第一步,取初始流量为零的可行流 $f^{(0)} = \{0\}$,令网络中所有弧的权等于 d_{ij} 得到一个赋权图 D,用 Dijkstra 算法求出最短路,这条最短路就是初始最小费用增广链 u。

第二步,调整流量。在最小费用增广链上调整流量的方法与前面最大流算法一样,前向弧上令 $\theta_j = c_{ij} - f_{ij}$,后向弧上令 $\theta_j = f_{ij}$,调整量为 $\theta = \min\{\theta_j\}$。调整后得到最小费用流 f^k,流量为 $v^k = v^{(k-1)} + \theta$,当 $v^k = v$ 时计算结束,否则转第三步继续计算。

第三步,作赋权图 D 并寻找最小费用增广链。

(1)最小费用流 f^{k-1} 的流量为 $v^{(k-1)} < v$ 时,将网络的费用转化为权 W_{ij},其含义等价于最短路中的距离。对可行流 $f^{(k-1)}$ 的最小费用增广链上的弧 (i,j) 作如下变动

$$w_{ij} = \begin{cases} d_{ij} & f_{ij} < c_{ij} \\ +\infty & f_{ij} = c_{ij} \end{cases}, w_{ij} = \begin{cases} -d_{ij} & f_{ij} > 0 \\ +\infty & f_{ij} = 0 \end{cases} \qquad (7-6)$$

式(7-6)的使用方法如下:

第一种情形,当弧 (i,j) 上的流量满足 $0 < f_{ij} < c_{ij}$ 时,在点 v_i 与 v_j 之间添加一条方向相反的弧 (j,i),权为 $(-d_{ij})$。

第二种情形,当弧 (i,j) 上的流量满足 $f_{ij} = c_{ij}$ 时将弧 (i,j) 反向变为 (j,i),权为 $(-d_{ij})$。不在最小费用增广链上的弧不作任何变动,得到一个赋权网络图 D。

(2)求赋权图 D 从发点到收点的最短路,如果最短路存在,则这条最短路就是 $f^{(k-1)}$ 的最小费用增广链,转第二步。

赋权图 D 的所有权非负时,可用 Dijkstra 算法求最短路,存在负权时用 Floyd 算法。

(3)如果赋权图 D 不存在从发点到收点的最短路,说明 $v^{(k-1)}$ 已是最大流量,不存在流量等于 v 的流,计算结束。

【例7.11】 对图7-28,制定一个运量 $v = 15$ 及运量最大总运费最小的运输方案。

解 (1)令所有弧的流量等于零,得到初始可行流 $f^{(0)} = \{0\}$,流量 $v^{(0)} = 0$,总运费 $d(f^{(0)}) = 0$。

(2)因为 $f^{(0)} = \{0\}$,由式(7-6)赋权图就是图7-28,弧的权数等于费用 d_{ij}。求出最短路线,即最小费用增广链 u_1:⑤→①→④→⑥,见图7-29(a)。调整量 $\theta = 4$,对 $f^{(0)} = \{0\}$ 进行调整得到 $f^{(1)}$,括号内的数字为弧的流量,网络流量 $v^{(1)} = 4$,总运费:

$$d(f^{(1)}) = 0 \times 4 + 2 \times 4 + 3 \times 4 = 20$$

见图 7 - 29(b)。

(3)$v^{(1)} = 4 < 15$，没有得到最小费用流。在图 7 - 29(b) 中，弧 $(s,1)$ 和 $(4,6)$ 满足条件 $0 < f_{ij} < c_{ij}$，添加两条边 $(1,s)$ 和 $(6,4)$，权分别为"0"或"-3"，边 $(1,s)$ 可以去掉，弧 $(1,4)$ 上有 $f_{ij} = c_{ij}$ 说明已饱和，将弧 $(1,4)$ 反向变为 $(4,1)$，权为"-2"，见图 7 - 29(c)。用 Floyd 算法得到最小费用增广链 u_2：$\text{S} \rightarrow ② \rightarrow ④ \rightarrow ⑥$，调整量 $\theta = 3$，调整后得到最小费用流 $f^{(2)}$，流量 $v^{(2)} = 7$，总运费：

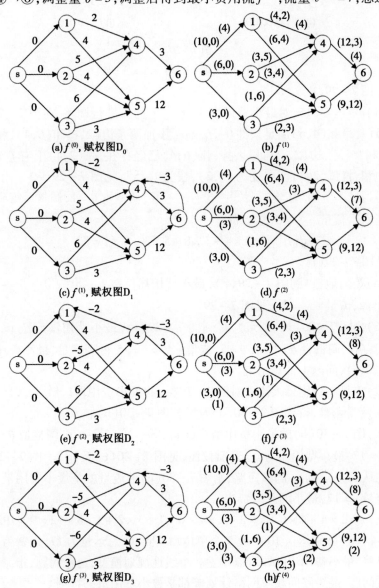

(a) $f^{(0)}$, 赋权图 D_0

(b) $f^{(1)}$

(c) $f^{(1)}$, 赋权图 D_1

(d) $f^{(2)}$

(e) $f^{(2)}$, 赋权图 D_2

(f) $f^{(3)}$

(g) $f^{(3)}$, 赋权图 D_3

(h) $f^{(4)}$

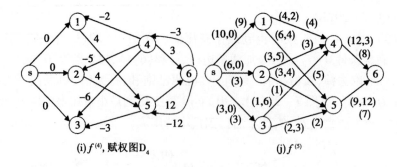

(i) $f^{(4)}$, 赋权图 D_4 (j) $f^{(5)}$

图 7 - 29

$$d(f^{(2)}) = 2 \times 4 + 3 \times 7 + 5 \times 3 = 44$$

见图 7 - 29(d)。

(4) $v^{(2)} = 7 < 15$,对最小费用增广链 u_2 上的弧进行调整,在图 7 - 29(c)中。弧$(s,2)$和$(4,6)$满足条件 $0 < f_{ij} < c_{ij}$,添加两条边$(2,s)$和$(6,4)$,权分别为"0"和"-3",边$(2,s)$可以去掉,弧$(6,4)$已经存在,弧$(2,4)$上有 $f_{ij} = c_{ij}$ 说明已饱和,将弧$(2,4)$反向变为$(4,2)$,权为"-5",见图 7 - 29(e)。用 Floyd 算法得到最小费用增广链 u_3:Ⓢ→③→④→⑥,调整量 $\theta = 1$,调整后得到最小费用流 $f^{(3)}$,流量 $v^{(3)} = 8$,总运费:

$$d(f^{(3)}) = 2 \times 4 + 3 \times 8 + 5 \times 3 + 6 \times 1 = 53$$

见图 7 - 29(f)。

(5) 类似地,得到图 7 - 29(g),最小费用增广链 u_4:Ⓢ→③→⑤→⑥,调整量 $\theta = 2$,流量 $v^{(4)} = 10$,见图 7 - 29(h)。

(6) 由图 7 - 29(g)及(h),得到图 7 - 29(i),最小费用增广链 u_5:Ⓢ→①→⑤→⑥,调整量 $\theta = 6$,取 $\theta = 5$,流量 $v^{(5)} = v = 15$ 得到满足,最小费用流见图 7 - 29(j),问题 1 计算结束。

(7) 求最小费用最大流。对图 7 - 30(i)的最小费用增广链 u_5,取调整量 $\theta = 6$ 对流量调整,得到图 7 - 30(a)及赋权图 7 - 30(b)。

(8) 图 7 - 30(b)的最小费用增广链 u_6:Ⓢ→②→⑤→⑥,调整量 $\theta = 1$,流量 $v^{(6)} = 17$,最小费用流为 $f^{(6)}$ 及赋权图,见图 7 - 30(c)及(d)。图 7 - 30(d)不存在从 v_s 发点到 v_6 的最短路,则图 7 - 30(c)的流量就是最小费用最大流,最大流量 $v = 17$,最小的总运费为:

$$d(f) = 2 \times 4 + 4 \times 6 + 5 \times 3 + 4 \times 1 + 6 \times 1 + 3 \times 2 + 3 \times 8 + 12 \times 9 = 195$$

3 个工厂分别运送 10、4 及 3 个单位物质到 v_6,总运量为 17,运费为 176。

显然,最小费用流问题可以建立一个线性规划模型,运输问题、指派问题、最大流问题、最短路问题及网络计划等都是最小费用流的特例。

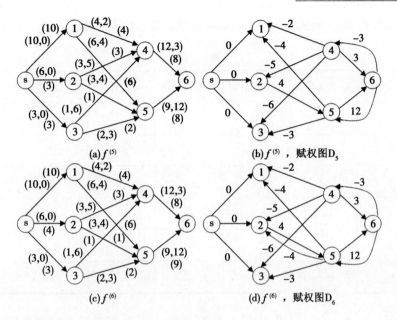

(a) $f^{(5)}$

(b) $f^{(5)}$，赋权图 D_5

(c) $f^{(6)}$

(d) $f^{(6)}$，赋权图 D_6

图 7 - 30

7.3.5 最大流应用问题

二分图的最大匹配问题。二分图或称二部图,是指图 G 的点集分成两个子集 X 和 Y 后,G 中所有边一端在 X 中而另一端在 Y 中。如图 7 - 31 中的 3 个图都是二分图。图 7 - 31(a) 中的点集分为 $X = \{v_1, v_3, v_5\}$ 与 $Y = \{v_2, v_4, v_6, v_7\}$。

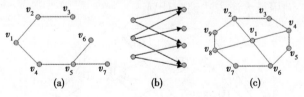

(a)　　　　(b)　　　　(c)

图 7 - 31

一个图 G 中边的子集 M,如果 M 中的任意两条边没有公共的端点,称 M 是一个匹配,注意,空集也是一个匹配。边数最多的匹配称为最大匹配。第 5 章的指派问题就属于最大匹配问题。

求一个图的最大匹配就是在图中寻找没有公共端点的最多的边集合 M。对于二分图可以化为最大流问题求解。

【**例 7.12**】 某公司需要招聘 5 个专业的毕业生各一个,通过本人报名和筛选,公司最后认为有 6 个人都达到录取条件。这 6 人所学专业见表 7 - 10,

表中打"√"表示该生所学专业。公司应招聘哪几位毕业生。

表 7 - 10

毕业生	A. 市场营销	B. 工程管理	C. 管理信息	D. 计算机	E. 企业管理
1	√	√			
2			√	√	
3		√			√
4	√				√
5		√	√		
6				√	√

解 画出一个二分图,虚设一个发点和一收点,每条弧上的容量等于 1,问题为求发点到收点的最大流,求解结果之一见图 7 - 32。公司录取第 2 ~ 6 号毕业生,安排的工作依次为管理信息、企业管理、市场营销、工程管理和计算机。

此问题可以推广到有多个公司招聘不同专业的学生若干名的情形。

计划的编制问题。用网络图编制的计划称为网络计划。用点表示某项工作,用弧表示工作之间的衔接关系,一项工程的计划就可以用一个网络图表示。这里举一例用最大流方法编制计划。

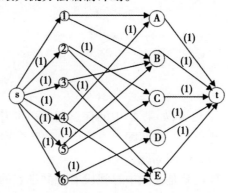

图 7 - 32

【例 7.13】 某市政工程公司在未来 5 ~ 8 月份内需完成 4 项工程:修建

一条地下通道;修建一座人行天桥;新建一条道路及道路维修。工期和所需劳动力见表 7－11。该公司共有劳动力 120 人,任一项工程在一个月内的劳动力投入不能超过 80 人,问公司如何分配劳动力完成所有工程,是否能按期完成。

表 7－11

	工期	需要劳动力
A. 地下通道	5～7 月	100 人
B. 人行天桥	6～7 月	80 人
C. 新建道路	5～8 月	200 人
D. 道路维修	8 月	80 人

解　(1)将工程计划用网络图 7－33 表示。设点 v_5, v_6, v_7, v_8 分别表示 5～8 月份,A_i, B_i, C_i, D_i 表示工程在第 i 个月内完成的部分,用弧表示某月完成某项工程的状态,弧的容量为劳动力限制。合理安排每个月各工程的劳动力,在不超过现有人力的条件下,尽可能保证工程按期完成,就是求图 7－33 从发点到收点的最大流问题。

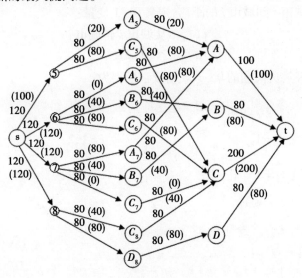

图 7－33

用 Ford－Fulkerson 标号算法求解得到图 7－33,括号内的数字为弧的流量。每个月的劳动力分配见表 7－12。5 月份有剩余劳动力 20 人,4 项工程恰好按期完成。

表 7 – 12

月份	投入劳动力/人	项目 A/人	项目 B/人	项目 C/人	项目 D/人
5	100	20		80	
6	120		40	80	
7	120	80	40		
8	120			40	80
合计	460	100	80	200	80

7.4 旅行售货员与中国邮路问题

7.4.1 旅行售货员问题

一个推销商从 n 个城市 $v_1, v_2, \cdots, v_n$ 中某一个城市如 v_1 出发,到其他 $n-1$ 个城市推销产品,每个城市都必须访问到并且只访问一次最后回到 v_1,如何安排他的旅行路线使总距离最短,就是旅行售货员问题或货郎担问题。

设 c_{ij} 为城市 i 到城市 j 的距离,定义 0 – 1 变量:

$$x_{ij} = \begin{cases} 1 & \text{从城市 } i \text{ 到城市 } j \\ 0 & \text{否则} \end{cases}$$

则旅行售货员问题的 0 – 1 规划数学模型为:

$$\min Z = \sum_{i=1}^{n} \sum_{j=1}^{n} c_{ij} X_{ij} \qquad i \neq j$$

$$\begin{cases} \sum_{i=1}^{n} x_{ij} = 1 & j = 1, 2, \cdots, n (i \neq j) \\ \sum_{j=1}^{n} x_{ij} = 1 & i = 1, 2, \cdots, n (i \neq j) \\ x_{ij} + x_{ji} \leqslant 1 & i \neq j \\ x_{ij} + x_{jk} + x_{ki} \leqslant 2 & i \neq j \neq k \\ \qquad \vdots \\ x_{ij} + x_{jk} + x_{kl} + \cdots + x_{pi} \leqslant n - 2 & i \neq j \neq \cdots \neq p \\ x_{ij} = 0 \text{ 或 } 1 & i, j = 1, 2, \cdots, n \end{cases}$$

旅行售货员问题虽然能用整数规划、动态规划等方法求解,当 n 较大时求解就不一定有效。一种可行的方法是求最小的 Hamilton 回路。

设图 $G = [V, E]$,若一个回路 H 过每个点一次且仅一次,则称 H 是 G 的一个 Hamilton 回路。与点 v_i 相关联的边数称为点的次(degree),记为 $d(v_i)$,次为奇数的点称为奇点,次为偶数的点称为偶点。若 G 中任意两个点 v_i,v_j 满足 $d(v_i)+d(v_j) \geq n$(n 为图 G 的点数并且 $n \geq 3$),则 G 中存在 Hamilton 回路。

旅行售货员所走的路线就是一个由 n 个城市构成的交通图 G 的一个 Hamilton 回路,旅行售货员问题就是寻找一个总距离最小的 Hamilton 回路。下面用例题介绍一种求满意解(不一定最优)的修正方法。

【**例 7.14**】 某电动汽车公司与学校合作,拟定在校园内开通无污染无噪音的"绿色交通"路线。图 7-34 是某大学教学楼和学生宿舍楼的分布图,其中 C,F 之间是两条单向通道,边上的数字为汽车通过两点间的正常时间(分钟)。电动汽车公司如何设计一条路线,使汽车通过每一处教学楼和宿舍楼一次后总时间最少。

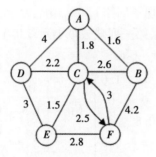

图 7-34

解 (1)显然图 7-34 存在 Hamilton 回路,将图表示成距离矩阵 C,顺序为 $A,B,\cdots,F$,两点间没有边连接的时间为 ∞。

(2)类似解指派问题(匈牙利算法)的第一步,每行每列分别减去该行该列最小元素,得到矩阵 C_1,C_1 与 C 的解相同。

$$
C = \begin{array}{c} \\ v_1 \\ v_2 \\ v_3 \\ v_4 \\ v_5 \\ v_6 \end{array}
\begin{array}{c}
\begin{array}{cccccc} v_1 & v_2 & v_3 & v_4 & v_5 & v_6 \end{array} \\
\left[\begin{array}{cccccc}
\infty & 1.6 & 1.8 & 4 & \infty & \infty \\
1.6 & \infty & 2.6 & \infty & \infty & 4.2 \\
1.8 & 2.6 & \infty & 2.2 & 1.5 & 2.5 \\
4 & \infty & 2.2 & \infty & 3 & \infty \\
\infty & \infty & 1.5 & 3 & \infty & 2.8 \\
\infty & 4.2 & 3 & \infty & 2.8 & \infty
\end{array} \right]
\end{array}
$$

$$C_1 = \begin{bmatrix} \infty & 0 & 0.2 & 1.7 & \infty & \infty \\ 0 & \infty & 1 & \infty & \infty & 1.6 \\ 0.3 & 1.1 & \infty & 0 & 0 & 0 \\ 1.8 & \infty & 0 & \infty & 0.8 & \infty \\ \infty & \infty & 0 & 0.8 & \infty & 0.3 \\ \infty & 1.4 & 0.2 & \infty & 0 & \infty \end{bmatrix}$$

(3)采用最近城市法(nearest neighbor heuristic),在 C_1 中取一个初始 Hamilton 回路 H_1,起步可以从任意点开始,不妨从 v_1 出发,下一步到离 v_1 最近的点 v_2,依次取 v_3,v_6,v_5,v_4,v_1,回路 $H_1 = \{v_1,v_2,v_3,v_6,v_5,v_4,v_1\}$ 的距离为:

$$C(H_1) = 1.6 + 2.6 + 2.5 + 2.8 + 3 + 4 = 16.5$$

(4)修正回路 H_1。在矩阵 C_1 中从 v_1 到 v_2 的距离 $C_{12} = 0$ 最短,去掉 C_1 的第一行第二列,为避免出现子回路 $v_1 \rightarrow v_2 \rightarrow v_1$,令 $c_{21} = \infty$ 得到矩阵 C_2。在 C_2 中第一行减去最小元素 1,第一列减去最小元素 0.3 得到矩阵 C_3。

$$C_2 = \begin{array}{c} \\ v_2 \\ v_3 \\ v_4 \\ v_5 \\ v_6 \end{array} \begin{array}{cccccc} v_1 & v_3 & v_4 & v_5 & v_6 \\ \left[\begin{array}{ccccc} \infty & 1 & \infty & \infty & 1.6 \\ 0.3 & \infty & 0 & 0 & 0 \\ 1.8 & 0 & \infty & 0.8 & \infty \\ \infty & 0 & 0.8 & \infty & 0.3 \\ \infty & 0.2 & \infty & \infty & \infty \end{array}\right] \end{array}, \quad C_3 = \begin{bmatrix} \infty & 0 & \infty & \infty & 0.6 \\ 0 & \infty & 0 & 0 & 0 \\ 1.5 & 0 & \infty & 0.8 & \infty \\ \infty & 0 & 0.8 & \infty & 0.3 \\ \infty & 0.2 & \infty & 0 & \infty \end{bmatrix}$$

在 C_3 中,按最近城市法 v_2 下一步应达到 v_3,从 C_3 看出最后一个点不能是 v_5 和 v_6,下一步 v_3 不能选 v_4 只能选 v_5 和 v_6,如果依次选 v_5,v_6,v_4,v_1 不能构成 Hamilton 回路,如果依次选 v_6,v_5,v_4,v_1 则回路与 H_1 相同,没有改进。

因此在 C_3 中,v_2 下一步应达到 v_6,取回路 $H_2 = \{v_1,v_2,v_6,v_5,v_3,v_4,v_1\}$,距离为:

$$C(H_2) = 1.6 + 4.2 + 2.8 + 1.5 + 2.2 + 4 = 16.3$$

(5)与第(4)步一样,去掉 C_3 中第一行和第五列,并且令 $c_{61} = \infty$ (C_3 中已是 ∞),得到矩阵 C_4。矩阵 C_4 中每行每列都有零,在 C_4 中找一个与 H_1,H_2 不同的 Hamilton 回路,有两条不同的回路 $\{v_1,v_2,v_6,v_5,v_4,v_3,v_1\}$ 和 $\{v_1,v_2,v_6,v_3,v_5,v_4,v_1\}$,取第一条回路 $H_3 = \{v_1,v_2,v_6,v_5,v_4,v_3,v_1\}$,即 v_6 下一步达到 v_5,距离为:

$$C(H_3) = 1.6 + 4.2 + 2.8 + 3 + 2.2 + 1.8 = 15.6$$

$$C_4 = \begin{array}{c} \\ v_3 \\ v_4 \\ v_5 \\ v_6 \end{array} \begin{array}{cccc} v_1 & v_3 & v_4 & v_5 \\ \left[\begin{array}{cccc} 0 & \infty & 0 & 0 \\ 1.5 & 0 & \infty & 0.8 \\ \infty & 0 & 0.8 & \infty \\ \infty & 0.2 & \infty & 0 \end{array} \right] \end{array}, C_5 = \begin{array}{c} \\ v_3 \\ v_4 \\ v_5 \end{array} \begin{array}{ccc} v_1 & v_3 & v_4 \\ \left[\begin{array}{ccc} 0 & \infty & 0 \\ 1.5 & 0 & \infty \\ \infty & 0 & 0.8 \end{array} \right] \end{array}$$

去掉 C_4 中第四行第四列,得到矩阵 C_5。C_5 中不存在 H_1, H_2, H_3 不同的回路,H_3 为最小的 Hamilton 回路。

电动汽车公司的行车路线是 $A \rightarrow B \rightarrow F \rightarrow E \rightarrow D \rightarrow C \rightarrow A$,汽车在校园行驶一圈需要 15.6 分钟。

从例题的计算看出,最后结果很大程度上依赖于前面走过的路线,如第一步从某个点出发到另一个点确定后,就不能再变动,其结果可能不是最小 Hamilton 回路。在例 7.14 中,由矩阵 C_1 第一步从 v_2 开始到 v_1 取一个 Hamilton 回路,最后结果就与例题结果不同。开始可以取不同的 Hamilton 回路,重复计算几次,从中筛选较优的结果。

7.4.2 中国邮路问题

一个邮递员从邮局出发,将邮件投递到他管辖的所有街道最后回到邮局,如何安排他的行驶路线使总路长最短,这个问题由中国数学家管梅谷教授 1962 年提出,因此称为中国邮路问题。旅行售货员与中国邮路问题不同之处是前者遍历图的所有点,后者是遍历图的所有边。

设连通图 $G = [V, E]$,如果存在一条回路,不重复包含 G 的每一条边,这条回路称为欧拉(Euler)回路,具有欧拉回路的图称为欧拉图,全为偶点的图是欧拉图。

图 7-35(a)中有 4 个奇点 v_1, v_2, v_6, v_7,不存在欧拉回路,无论邮局在哪一个点,邮递员要经过每一条边至少有一条边重复经过。如果将图 7-35(a)增加四条边变为图 7-35(b),四条虚线就等价于邮递员重复经过的边,图7-35(b)所有点都是偶点,因而是欧拉图,存在欧拉回路。

中国邮路问题变为在一个具有奇点的图中,如何将奇点连起来变为偶点成为欧拉图,使各边长之和最短。

【**例 7.15**】 求解图 7-35(a)的中国邮路问题。

解 (1)虚拟边将所有奇点变为偶点,如图 7-35(b)所示。虚拟边就是邮递员重复经过的街道。

(2)调整虚拟边。初始欧拉回路不一定是最短路。判断最短回路的准则

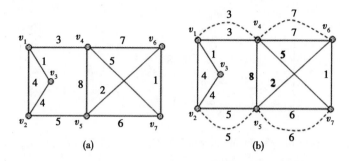

图 7 – 35

是:(a)每条边最多重复一次,即相邻两点间最多虚拟一条边;(b)所有回路中虚拟边长之和不超过回路边长之和的一半。

在图 7 – 35(b)中,回路 $H_1 = \{v_4, v_5, v_7, v_6, v_4\}$ 的边长 $d(H_1) = 8 + 6 + 1 + 7 = 22$,其中虚拟边长为 13,超过 $d(H_1)$ 的一半,将虚拟边 (v_4, v_6) 和 (v_5, v_7) 去掉,在 v_6 与 v_7 之间加一条虚拟边。这时 v_4 和 v_5 变成了奇点,将虚拟边 (v_1, v_4) 和 (v_2, v_5) 改为虚拟边 (v_1, v_3) 和 (v_2, v_3),如图 7 – 36(a)所示。

(3)检查图 7 – 36(a),回路 $H_2 = \{v_1, v_2, v_3, v_1\}$ 的边长 $d(H_2) = 4 + 4 + 1 = 9$,虚拟边长为 5,需要调整,将虚拟边 (v_1, v_3) 和 (v_2, v_3) 去掉,在 (v_1, v_2) 之间添加虚拟边 (v_1, v_2),如图 7 – 36(b)所示。

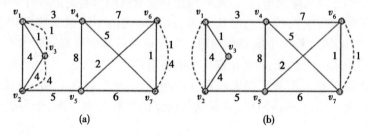

图 7 – 36

(3)继续检查,所有回路满足最短回路的准则,图 7 – 36(b)是最短的欧拉回路,其中边 (v_1, v_2) 和 (v_6, v_7) 各重复一次。

习　题

7.1　建立如图 7 – 37 所示的求 A 到 F 的最短路问题的 0 – 1 整数规划数学模型。

7.2 求图 7 – 37 中 A 到 F 的最短路长及最短路线。

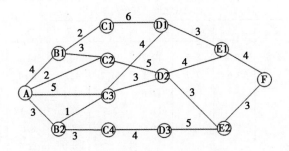

图 7 – 37

7.3 如图 7 – 38 所示,建立求最小部分树的 0 – 1 整数规划数学模型。

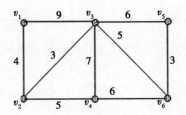

图 7 – 38

7.4 求图 7 – 39 的最小部分树,图 7 – 39（a）用破圈法,图 7 – 39（b）用加边法。

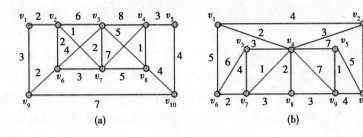

图 7 – 39

7.5 某乡政府计划未来 3 年内,使所管辖的 10 个村的村与村之间都有水泥公路相通。根据勘测,10 个村之间修建公路的费用如表 7 – 13 所示。乡政府如何选择修建公路的路线使总成本最低。

表 7 – 13

	1	2	3	4	5	6	7	8	9	10
			两村庄之间修建公路的费用/万元							
1		12.8	10.5	8.5	12.7	13.9	14.8	13.2	12.7	8.9
2			9.6	7.7	13.1	11.2	15.7	12.4	13.6	10.5
3				13.8	12.6	8.6	8.5	10.5	15.8	13.4
4					11.4	7.5	9.6	9.3	9.8	14.6
5						8.3	8.9	8.8	8.2	9.1
6							8.0	12.7	11.7	10.5
7								14.8	13.6	12.6
8									9.7	8.9
9										8.8
10										

7.6 在图 7 – 40 中,求 A 到 H,I 的最短路及最短路长,并对(a)和(b)的结果进行比较。

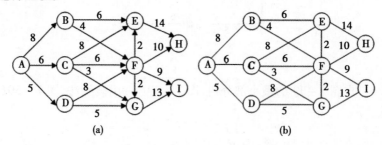

图 7 – 40

7.7 已知某设备可继续使用 5 年,也可以在每年年末卖掉重新购置新设备。已知 4 年年初购置新设备的价格分别为 3.5 万元、3.8 万元、4.0 万元、4.2 万元和 4.5 万元。使用时间在 1～5 年内的维护费用分别为 0.4 万、0.9 万、1.4 万、2.3 万和 3 万。试确定一个设备更新策略,使 5 年的设备购置和维护总费用最小。

7.8 图 7 – 41 是世界某 6 大城市之间的航线,边上的数字为票价(百美元),用 Floyd 算法设计任意两城市之间票价最便宜的路线表。

7.9 设图 7 – 41 是某汽车公司的 6 个零配件加工厂,边上的数字为两点间的距离(公里)。现要在 6 家工厂中选一个建装配车间。

(1)应选哪家工厂使零配件的运输最方便;

(2)装配一辆汽车 6 家零配件加工厂所提供零件重量分别是 0.5,0.6,

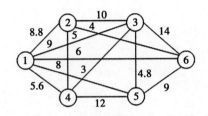

图 7 - 41

0.8,1.3,1.6 和 1.7 t,运价为 2 元/吨公里。应选哪个工厂使总运费最小。

7.10 如图 7 - 42 所示,(1)求 v_1 到 v_{10} 的最大流及最大流量;(2)求最小割集和最小割量。

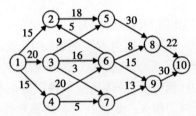

图 7 - 42

7.11 将 3 个天然气田 A_1,A_2,A_3 的天然气输送到 2 个地区 C_1,C_2,中途有 2 个加压站 B_1,B_2,天然气管线如图 7 - 45 所示。输气管道单位时间的最大通过量 c_{ij} 及单位流量的费用 d_{ij} 标在弧上(c_{ij},d_{ij})。求(1)流量为 22 的最小费用流;(2)最小费用最大流。

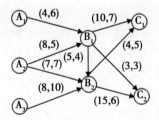

图 7 - 43

7.12 如图 7 - 41 所示,(1)求解旅行售货员问题;(2)求解中国邮路问题。

8 排队论

在生产和生活中,人们经常会遇到各种排队现象,诸如:汽车在加油站排队等待加油;汽车在十字路口等待允许通行的交通信号;汽车在客(货)运站排队等待旅客(货物)上车;满载货物的汽车在仓库排队等待卸货;旅客在候车室排队等待上车;汽车在修理车间排队等待修理;顾客在理发室的长椅上坐着排队,等待理发。

上述诸现象有一个共同的特征,即等待。如果一个个体要求某种服务,另一个体也要求该种服务,在服务能力有限的情况下,就不可避免会出现等待。接受服务的个体数量与服务能力有密切关系,一般说来服务能力小,则接受该种服务的个体数量也少,相应地,等待接受该种服务的个体数量就多,表现为排队的队伍很长,等待时间很久。例如在火车票预售处,旅客要购买到达某地的卧铺票,需提前排队购票,由于售票窗口数和服务能力的限制,旅客就要排长队等待;反之,服务能力大,则接受该种服务的个体数量也多,等待接受服务的个体数量就少,然而,设备的空闲时间则长,浪费较大。例如,近几年,我国公路运输发展较快,一条线路上往往有多个公司和个体车辆相互竞争,旅客不必担心排长队买票,排长队上车,更不必担心上不了车。现在不是人排队等车,而是车排队等人。这样造成设备空闲,即车辆实载率低,浪费严重。上述两种现象,无论是前者,还是后者,都会造成一定程度的浪费,前者浪费旅客的时间,后者浪费服务设施的时间,现在的问题是:如何加强管理,使浪费减少到最低程度? 为了解决上述问题,我们引入排队论(也称随机服务系统)。

8.1 排队论的基本概念

8.1.1 基本排队过程

一般排队系统的基本排队过程如图 8 – 1 所示。

从图 8 –1 可知,每一个顾客由顾客源按一定方式到达服务系统。首先按一定的排队规则排队,等待接受服务,然后,服务机构按一定的服务规则从队列中选择顾客进行服务,完成服务后,顾客离开服务系统。这里顾客的含义是广义的,可以是人,也可以是物。如顾客可以指等待加油的汽车,等待上车的

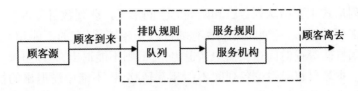

图 8 - 1

旅客,等待理发的顾客等。服务机构又称服务台(通道、窗口、站台等)。图 8 - 1 中虚线所包括的部分就是排队系统。

8.1.2 排队系统的结构和特征

一般排队系统都由输入过程、排队过程、服务过程 3 部分组成。

8.1.2.1 输入过程

输入过程包括两部分:输入源和输入方式。

(1)输入源

输入源即顾客的总体。它可能是有限的总体,也可能是无限的总体。例如,到某加油站要求加油的汽车显然是有限的总体,而流入水库的上游河水可以认为总体是无限的。

(2)输入方式

输入方式与输入源的性质有一定的联系,输入源可能是离散的,例如等待加油的汽车、等待理发的顾客、等待购票的旅客等;也可能是连续的,如流入水库中的河水等。目前,排队论只局限于讨论离散总体,连续总体很少涉及,本教材暂不讨论连续总体。

输入方式一般与下列因素有关:

(1)顾客"来到"的方式可能是一个一个的(如,加油的汽车,就诊的病人),也可能是成批的(如会议代表到食堂就餐,团体到影院看电影)。

(2)顾客相继到达的间隔时间可以是确定型的(如,流水线上的装配件,定期运行的班车等),也可以是随机型的(如到理发店去理发的顾客、待加油的汽车等)。

(3)顾客的到达是相互独立的,即以前的到达情况对以后顾客的到来没有影响。本教材主要讨论这种情况,对于有关联的情况暂不讨论。

(4)输入过程是平稳的,即描述相继到达的间隔时间分布和所含参数(如期望、方差等)都与时间无关。否则是非平稳的,本教材主要讨论前者。

8.1.2.2 排队过程

排队过程也包括两部分:队列形式和排队规则。

队列形式主要指队列数目和队列的空间形式。队列数目有单列和多列之分。在多列的情形,各列间的顾客有的可以互相转移,有的不能相互转移;有的顾客因排队等候时间过长而中途退出,有的则不能退出,必须坚持到被服务完为止。本教材将只讨论各列间不能相互转移,也不能中途退出的情形。队列的空间形式主要是指队列是有形队列还是无形队列,等待购票的旅客队列及等待加油的汽车队列是有形队列,而向电话交换台要求通话的呼唤则为无形队列。

排队规则可以有许多种,其中主要有以下两种基本类型:

(1)损失制:当顾客到达时,所有服务设备均被占用,顾客不进入队列而随即离去。

(2)等待制:当顾客到达时,所有服务设备均不空闲,顾客进入队列,等待接受服务。

8.1.2.3 服务过程

服务过程包含服务规则和服务机构两部分。

(1)服务规则

服务规则对等待制有以下几种类型:

①先到先服务,即按到达次序接受服务。这是最普遍的情况,例如到加油站加油的汽车,先进站先加油。

②后到先服务,如装在汽车上被运输的砖块,总是先装上去的后被卸下来;乘用电梯的顾客常是后进先出等。

③随机服务。随机服务是指当服务设备空闲时,服务员从等待的顾客中随机挑选一人为其服务。这里随机挑选是指每一位顾客被挑选到的概率是相等的,而不管顾客到达的先后次序如何。

④优先服务,即具有某种优先权的服务,如医院就诊,急诊优先等。

(2)服务机构

服务机构主要包括服务方式、服务设备和服务时间及其分布。服务方式可以是单个服务也可以是成批服务。公共汽车对在站台上等候的乘客就是成批服务;服务设备可以是一个或几个,一般描述如下:

①单队—单服务台的服务情况,如图8-2(a)所示;

②多队—多服务台(并列)服务情况,如图8-2(b)所示;

③单队—多服务台(并列)的服务情况,如图8-2(c)所示;

④单队—多服务台(混合)的服务情况,如图8-2(d)所示;

⑤单队—多服务台(串列)的服务情况,如图8-2(e)所示。

例如,旅客排队进站,乘坐到达某地的汽车可能是单队—单服务台的情

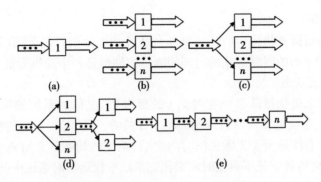

图 8 - 2

况,旅客到火车站购买车票则是多队多服务台的情形;顾客排队等待理发是单队—多服务台的情形;在医院就诊(挂号—诊断—划价—交费—取药)可能是多服务台串列的情形;做身体健康状况检查大多数是多服务台混合的情况。

服务时间及其分布和输入过程一样,也有确定型和随机型之分。自动冲洗汽车的装置对每辆汽车冲洗(服务)的时间就是确定型的,但大多数服务时间是随机型的,服务时间的分布总假定是平稳的,分布的期望值、方差等参数都是与时间无关的。

8.1.3 排队系统的术语和符号

在排队系统中,常用的术语和符号如下:

(1)队长

队长是指在排队系统中的顾客数。

(2)队列长

队列长是指在系统中排队等待服务的顾客数,它与队长的关系是:

队列长 + 正在接受服务的顾客数 = 队长

(3)服务台数目

服务台数目是指能实际正常使用的服务台的个数。在实际问题中,服务台的数目可能是1(即单服务台),也可能大于1(即多服务台的情形)。

(4)逗留时间

逗留时间是指从顾客到达排队系统的时刻起,直到接受完服务后离开系统的时刻为止的时间间隔,逗留时间是一个随机变量。

(5)等待时间

等待时间是指当顾客进入排队系统时,因服务台正忙着为其他顾客服务,而不能立即为该顾客服务,从该顾客进入排队系统到开始接受服务为止的时间间隔。等待时间也是一个随机变量。

(6)忙期

忙期是指服务机构中的任一服务台从开始忙碌的时刻起,直到全部服务台再次出现空闲的时刻为止的时间间隔。忙期也是一个随机变量。

(7)系统状态

系统状态是指排队系统在时刻 t 的顾客数,也称为系统的瞬时状态,用 $N(t)$ 表示。系统的瞬时状态是与时间 t 有关的,不同时刻系统的瞬时状态是不同的。当系统运行了无限长的时间之后,系统的初始状态对系统的影响就消失了,系统的状态就不再随时间变化。系统平稳运行时系统中的顾客数,称为系统的平稳状态,用 N 表示。

(8)状态概率

状态概率是指排队系统在 t 时刻,有 n 个顾客的概率,称为瞬态概率,用 $P_n(t)$ 表示。当系统平稳运行时,系统中有 n 个顾客的概率称为稳态概率,稳态概率与时间 t 无关。

8.1.4 排队系统的分类

排队系统按其输入过程、排队过程和服务过程的不同而分为不同的类型,这里以下述 6 个最主要特征为依据:

(1)顾客相继到达间隔时间的分布——输入过程的最主要特征。

(2)服务时间的分布——服务过程的最主要特征。

(3)服务台的个数——服务过程的最主要特征。

(4)排队系统的最大容量——排队过程的反映。

(5)顾客总体的数量——输入过程的反映。

(6)排队规则——排队过程的另一反映。

艾·姆·里氏(Lee. A. M)根据上述 6 个特征提出了排队系统分类的一般形式如下:

$$a/b/c/d/e/f$$

式中:a——相继到达间隔时间的分布;

b——服务时间的分布;

c——服务台个数;

d——排队系统的最大容量;

e——顾客总体的容量;

f——排队规则。

另外,a,b 常取以下分布:

M——负指数分布(负指数分布具有无后效性,即马尔柯夫链。M 是英文

马尔柯夫(Markov)的第一个字母,故用 M 表示泊松过程);

D——确定型分布;

E_K——K 阶爱尔朗分布;

G_I——一般相互独立的随机分布;

G——一般随机分布。

f 常取以下几种:

$FCFS$——先到先服务的服务规则;

$LCFS$——后到先服务的服务规则;

PR——优先服务的服务规则。

例如,$M/M/1/\infty/\infty/FCFS$ 表示这样一种排队系统:顾客到达为泊松过程,服务时间服从负指数分布,只有一个服务台,系统最大容量无限,顾客的总体或者说顾客源无限,先到先服务的服务规则。这是最简单而又常见的一种排队系统。

8.2 排队系统常用分布

对一个实际的排队系统,重要的是要搞清楚到达间隔的分布和服务时间的分布。要做到这一点,首先要根据系统原始资料做出顾客到达间隔和服务时间的经验分布,然后按照统计学的方法以确定它近似于哪种理论分布,再估计它的参数值。

现分别介绍泊松分布(Poisson)、负指数分布(Markov)和爱尔朗分布(Erlang)。

8.2.1 负指数分布

由概率论可知,如果随机变量 T 服从负指数分布,则其分布函数为

$$F_T(t) = 1 - e^{-\lambda t} \qquad t \geq 0, \lambda \geq 0$$

密度函数为

$$f_T(t) = \lambda e^{-\lambda t} \qquad t \geq 0, \lambda \geq 0$$

T 的期望值为

$$E(T) = \int_0^\infty t f_T(t) \, dt = \int_0^\infty t \lambda e^{-\lambda t} \, dt = \frac{1}{\lambda}$$

T 的方差为

$$Var(T) = \frac{1}{\lambda^2}$$

负指数分布具有以下重要性质：

（1）密度函数从 $f_T(t)$ 对时间 t 严格递减；

（2）无记忆性或马尔柯夫性，即

$$P\{T > t + s \mid T > s\} = P\{T > t\}$$

该性质说明一个顾客到来所需的时间与过去一个顾客到来所需的时间无关，这种情形下的顾客到达是纯随机的；

（3）当顾客到达过程是泊松流时，顾客相继到达的间隔时间 T 必服从负指数分布。

8.2.2　泊松分布

若随机变量 X 的概率密度为

$$P\{X = n\} = \frac{\lambda^n e^{-\lambda}}{n!} \qquad (\lambda > 0, n = 0, 1, 2 \cdots)$$

则称 X 服从参数为 λ 的泊松分布，记为 $X \sim P(\lambda)$。其均值和方差分别为

$$E(X) = \lambda, \ Var(X) = \lambda$$

8.2.2.1　泊松过程的定义

泊松过程是应用最为广泛的一类随机过程，它常用来描述排队系统中顾客到达的过程、城市中的交通事故、保险公司的理赔次数等。泊松过程是构造更复杂的随机过程的基本构件，是一个非常重要的随机过程。

记 $N(t)$ 表示在时间区间 $[0, t]$（$t > 0$）内发生的事件数，若 $N(t)$ 是一个随机变量，则 $\{N(t) \mid t \in (0, T)\}$ 就称为一个随机过程。

【定义 8.1】　对于随机过程 $\{N(t), t \geq 0\}$，若满足：

（1）独立增量性，即对任意 n 个参数 $t_n > t_{n-1} > t_{n-2} > \cdots t_1 \geq 0$，增量 $N(t_2) - N(t_1), N(t_3) - N(t_2), \cdots N(t_n) - N(t_{n-1})$ 相互独立；

（2）增量平稳性，即在长度为 t 的时间区间内恰好到达 k 个顾客的概率仅与区间长度 t 有关，而与区间起始点无关。对任意 $a \in (0, \infty)$，在 $(a, a + t)$ 与 $(0, t)$（$0, t$）内恰好到达 k 个顾客的概率相等；

$$P\{N(a + t) - N(a) = k\} = P\{N(t) - N(0) = k\} = P_k(t)$$

（3）普遍性，即当 t 充分时，有：

$$P\{N(t) = 1\} = \lambda t + o(t)$$
$$P\{N(t) = 0\} = 1 - \lambda t + o(t)$$
$$P\{N(t) \geq 2\} = o(t)$$

则称上述过程为泊松过程，其中 λ 为泊松过程的参数，且 $N(t)$ 服从泊松分布。

8.2.2.2 排队系统与泊松过程

若 $N(t)$ 为时间区间 $[0,t]$ $(t>0)$ 内到达系统的顾客数,则 $N(t)$ 是一个随机变量,$\{N(t)|t\in(0,T)\}$ 为一个随机过程。若该随机过程满足:

(1)在不相重叠的区间内,顾客的到达数是相互独立的;

(2)在时间区间 $[t,t+\Delta t]$ 内有顾客的到达数只与区间长度 Δt 有关,而与区间起始点 t 无关;

(3)对于充分小的 Δt,在时间区间 $[t,t+\Delta t]$ 内有 2 个或 2 个以上的顾客到达的概率极小,以至于可以忽略,即

$$\sum_{k=2}^{\infty} P_k(t,t+\Delta t) = O(\Delta t)$$

则认为顾客到达系统的过程是泊松过程,且

$$P\{N(t)=k\} = \frac{(\lambda t)^k}{k!}e^{-\lambda t} \qquad k=0,1,2,\cdots;t>0$$

$$E[N(t)] = \lambda t \qquad Var[N(t)] = \lambda t$$

式中,λ 表示单位时间内到达系统的顾客数。

下面的定理,说明了泊松流与负指数分布之间的关系。

【定理 8.1】 在排队系统中,如果到达的顾客数服从以 λt 为参数的泊松分布,则顾客相继到达的时间间隔服从以 λ 为参数的负指数分布。

证 设泊松流中顾客相继到达的时间间隔为随机变量 T,并且在时刻 0 有一个顾客到达,则下一个顾客将在时刻 T 到达。T 的分布函数为

$$F_T(t) = P\{T \leqslant t\} = 1 - P\{T > t\}$$

其中 $P\{T>t\}$ 表示在 $[0,t)$ 内没有顾客到达的概率,因此

$$P\{T>t\} = e^{-\lambda t}$$

所以,T 的分布函数为

$F_T(t) = 1 - e^{-\lambda t}$ T 的密度函数为:

$f_T(t) = \lambda e^{-\lambda t}$

因此,顾客相继到达的时间间隔服从以 λ 为参数的负指数分布。

由定理 8.1 可以看出,"到达的顾客数是一个以 λ 为参数的泊松流"与"顾客相继到达的时间间隔服从以 λ 为参数的负指数分布"是等价的。

8.2.3 k 阶爱尔朗分布

【定理 8.2】 设 $X_1,X_2,\cdots,X_K$ 是 k 个互相独立的,具有相同参数 μ 的负指数分布随机变量,则随机变量

$$X = X_1 + X_2 + \cdots + X_K$$

服从 k 阶爱尔朗分布，X 的密度函数为

$$f(t) = \frac{k\mu(k\mu t)^{k-1}}{(k-1)!}e^{-k\mu t} \qquad t > 0$$

记为 $X \sim E_k(\mu)$ 或简记为 $X \sim E_k$。随机变量 X 的均值和方差分别为

$$E(x) = \frac{1}{\mu}, Var(x) = \frac{1}{k\mu^2}$$

例如，如果顾客连续接受串联的 k 个服务台的服务，各服务台的服务时间相互独立，且均服从参数为 μ 的负指数分布，则顾客接受 k 个服务台总共所需的时间就服从 k 阶爱尔朗分布。

8.3 $M/M/1/\infty/\infty/FCFS$ 排队系统

8.3.1 系统假设条件

$M/M/1/\infty/\infty/FCFS$ 排队系统的假设条件是：

（1）顾客依次到达的间隔时间 $T_m(m = 1,2\cdots)$ 形成一个随机变量序列 $\{T_m\}$，且每个随机变量 $T_m(m = 1,2\cdots)$ 为独立同分布的负指数分布，其密度函数为：

$$f(t) = \begin{cases} \lambda e^{-\lambda t} & t \geq 0 \\ 0 & t < 0 \end{cases}$$

其中：λ 为顾客平均到达率。

即：$M/M/1/\infty/\infty/FCFS$ 中第一个 M 的含义。

（2）服务时间 $S_m(m = 1,2\cdots)$ 形成一个随机变量序列 $\{S_m\}$，且每个随机变量 $S_m(m = 1,2\cdots)$ 为独立同分布的负指数分布，其密度函数为：

$$g(t) = \begin{cases} \mu e^{-\mu t} & t \geq 0 \\ 0 & t < 0 \end{cases}$$

也就是 $M/M/1/\infty/\infty/FCFS$ 中第二个 M 的内容。

（3）单对单服务台（即 $M/M/1/\infty/\infty/FCFS$ 中的 1 所表示的内容），采用先到先服务的服务规则（即 $M/M/1/\infty/\infty/FCFS$ 中 $FCFS$ 的内容）。

（4）服务时间 S_m 和到达时间间隔 $T_m(m = 1,2\cdots)$ 相互独立。

（5）顾客源容量无限（即 $M/M/1/\infty/\infty/FCFS$ 中第二个 ∞ 的含义），队列长度无限（即 $M/M/1/\infty/\infty/FCFS$ 中第一个 ∞ 的含义）。

8.3.2 系统状态概率分布

为了便于说明问题，这里介绍一种生灭过程。假设有一堆细菌，每个细菌

在时间 Δt 内分裂成两个的概率为 $\lambda \Delta t + \mathrm{O}(\Delta t)$，在 Δt 时间内细菌死亡的概率为 $\mu \Delta t + \mathrm{O}(\Delta t)$，各个细菌在任何时间段内分裂和死亡都是独立的，并且把细菌的分裂和死亡都看作一个事件的话，则在 Δt 时间内发生两个或两个以上事件的概率为 $\mathrm{O}(\Delta t)$。假设已知初始时刻细菌的个数，问经过时间 t 后细菌将变成多少个？如把细菌的分裂看成一个顾客接受完服务后离去，则生灭过程恰好反映了一个排队服务系统的瞬时状态 $N(t)$ 将怎样随时间 t 而变化。

当有一个新顾客到达时，系统将由某一低状态转移到相邻的高状态，如由状态 i 转移到 $i+1$，当有一顾客因接受完服务而立即离去时，系统将由某一高状态转移到相邻的低状态，如由状态 i 转移到状态 $i-1$。系统状态转移可用图 8-3 表示(状态转移图)。

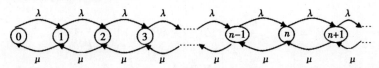

图 8-3

其中节点编号 i 表示系统所处的状态，$i=0,1,2\cdots$，箭头方向表示状态转移方向。

要求系统的瞬时状态 $N(t)$ 的概率分布是十分困难的，下面仅就系统处于稳态时的概率给以讨论。这时，对任意状态 i，到达该状态的顾客平均到达率应该等于离开该状态的顾客平均离去率，即流的守恒定律。把所有各节点的状态平衡方程列表，见表 8-1。

表 8-1

状态	到达该状态的顾客平均到达率 = 离开该状态的顾客平均离去率
0	$\mu P_1 = \lambda P_0$
1	$\lambda P_0 + \mu P_2 = (\lambda + \mu) P_1$
2	$\lambda P_1 + \mu P_3 = (\lambda + \mu) P_2$
…	…
$n-1$	$\lambda P_{n-2} + \mu P_n = (\lambda + \mu) P_{n-1}$
n	$\lambda P_{n-1} + \mu P_{n+1} = (\lambda + \mu) P_n$
…	…

例如，对第 i 个状态，到达该状态有两个可能性，一是来自 $i-1$，平均到达率 λP_{i-1}，另一个是来自 $i+1$，平均到达率 μP_{i+1}，离开该状态也有两个可能性，一是到 $i+1$ 去，平均离开率 λP_i，另一是到 $i-1$ 去，平均离开率 μP_i，根据守恒定律：

$$\lambda P_{i-1} + \mu P_{i+1} = (\lambda + \mu) P_i \qquad (i = 1, 2\cdots)$$

由表 8-1 可见,第一个方程有两个未知数 P_0 和 P_1,第一和第二两个方程有 3 个未知数 P_0,P_1 和 P_2,$\cdots$,未知数个数始终比方程个数多一个。因此不能直接求出所有未知数,只能得到一组递推关系。

$$P_1 = \frac{\lambda}{\mu} P_0$$

$$P_2 = \frac{\lambda}{\mu} P_1 + \frac{1}{\mu}(\mu P_1 - \lambda P_0) = \frac{\lambda}{\mu} P_1 = \left(\frac{\lambda}{\mu}\right)^2 P_0$$

$$P_3 = \frac{\lambda}{\mu} P_2 + \frac{1}{\mu}(\mu P_2 - \lambda P_1) = \frac{\lambda}{\mu} P_2 = \left(\frac{\lambda}{\mu}\right)^3 P_0 \qquad (8-1)$$

$$\cdots$$

$$P_n = \frac{\lambda}{\mu} P_{n-1} + \left[\frac{1}{\mu}(\mu P_{n-1} - \lambda P_{n-21})\right] = \left(\frac{\lambda}{\mu}\right)^n P_0$$

$$\because \qquad \sum_{n=0}^{\infty} P_n = 1$$

$$\sum_{n=0}^{\infty} \left(\frac{\lambda}{\mu}\right)^n P_0 = 1$$

$$\therefore \qquad P_0 = \frac{1}{\sum\limits_{n=0}^{\infty} \left(\dfrac{\lambda}{\mu}\right)^n}$$

今设 $\rho = \dfrac{\lambda}{\mu} < 1$(否则队列将排至无限远),则等比级数:

$$\sum_{n=0}^{\infty} \rho^n = \frac{1}{1-\rho}$$

$$\therefore \qquad P_0 = 1 - \rho \qquad (8-2)$$

把式(8-1)和(8-2)合并,得出系统稳态概率分布为:

$$P_n = \begin{cases} 1 - \rho & (n = 0) \\ (1-\rho)\rho^n & (n = 1, 2\cdots) \end{cases}$$

8.3.3　$M/M/1/\infty/\infty/FCFS$ 排队系统的运行指标

(1)平均队长 L_S(在系统中的平均顾客数,即队长期望值)

$$L_S = \frac{\lambda}{\mu - \lambda}$$

证:依 L_S 的定义知:

$$L_S = \sum_{n=0}^{\infty} n P_n = \sum_{n=0}^{\infty} n(1-\rho)\rho^n$$

$$=\rho(1-\rho)\sum_{n=0}^{\infty}n\rho^{n-1}$$

$$=\rho(1-\rho)\sum_{n=0}^{\infty}\frac{\mathrm{d}}{\mathrm{d}p}(\rho^{n})$$

$\because$ $\qquad\qquad 0<\rho<1$

$\therefore$ $\qquad\qquad\sum_{n=0}^{\infty}\rho^{n}=\frac{1}{1-\rho}$

于是

$$L_S=\frac{\rho}{1-\rho}$$

$\because$ $\qquad\qquad \rho=\frac{\lambda}{\mu}$,代入上式

得: $\qquad\qquad L_S=\frac{\lambda}{\mu-\lambda}$

(2)平均队列长 L_q(在队列中等待的顾客平均数,即队列长期望值)

$$L_q=\frac{\rho\lambda}{\mu-\lambda}$$

证:依 L_q 的定义知:

$$L_q=\sum_{n=1}^{\infty}(n-1)P_n=\sum_{n=1}^{\infty}nP_n-\sum_{n=1}^{\infty}P_n$$

$$=\sum_{n=0}^{\infty}nP_n-(1-P_0)$$

$$=L_S-\rho=\frac{\rho\lambda}{\mu-\lambda}$$

(3)平均逗留时间 W_S(在系统中顾客逗留时间的期望值)

$$W_S=\frac{1}{\mu-\lambda}$$

证:顾客在系统中的逗留时间 T_S 是一个随机变量,它服从参数为 $\mu-\lambda$ 的负指数分布。

密度函数为:

$$f(t)=\begin{cases}(\mu-\lambda)\mathrm{e}^{-(\mu-\lambda)t} & t\geqslant0\\0 & t<0\end{cases}$$

故:

$$W_S=E(T_S)=\int_0^{\infty}tf(t)\mathrm{d}t$$

$$=\int_0^{\infty}t(\mu-\lambda)\mathrm{e}^{-(\mu-\lambda)t}\mathrm{d}t$$

$$= \frac{1}{\mu - \lambda}$$

（4）平均等待时间 W_q（在队列中排队等待时间的期望值）

$$W_q = \frac{\rho}{\mu - \lambda}$$

证：在队列中排队等待时间的期望值应等于在系统中逗留时间的期望值减去服务时间的期望值，而服务时间的期望值为 $1/\mu$。

故：

$$W_q = W_S - \frac{1}{\mu} = \frac{1}{\mu - \lambda} - \frac{1}{\mu} = \frac{\rho}{\mu - \lambda}$$

现将上述几个主要运行指标归纳如下：

（1）$L_S = \dfrac{\lambda}{\mu - \lambda}$

（2）$L_q = \dfrac{\rho\lambda}{\mu - \lambda}$

（3）$W_S = \dfrac{1}{\mu - \lambda}$

（4）$W_q = \dfrac{\rho}{\mu - \lambda}$

它们之间的相互关系为：

（1）$L_S = \lambda W_S$

（2）$L_q = \lambda W_q$

（3）$W_S = W_q + \dfrac{1}{\mu}$

（4）$L_S = L_q + \dfrac{\lambda}{\mu}$

【例8.1】 汽车做过境检查，到达平均速率为 100 辆/h，是泊松流；检查一辆车平均需要 15 s，为负指数分布，试求稳态概率 P_0，P_1，P_2 和系统中汽车数的期望值 L_S，排队等待的汽车数的期望值 L_q，过境检查全部时间的期望值 W_S，等待检查时间的期望值 W_q。

解 由给定条件，$\lambda = 100$ 辆/h

$\mu = 4$ 辆/min $= 240$ 辆/h

$$\rho = \frac{\lambda}{\mu} = \frac{100}{240} = \frac{5}{12} = 0.417$$

$$P_0 = 1 - \rho = 1 - \frac{5}{12} = \frac{7}{12} = 0.583$$

$$P_1 = \rho P_0 = \frac{5}{12} \times \frac{7}{12} = 0.243$$

$$P_2 = \rho P_1 = \frac{5}{12} \times 0.243 = 0.101$$

$$L_S = \frac{\lambda}{\mu - \lambda} = \frac{100}{240 - 100} = \frac{100}{140} = 0.714(辆)$$

$$L_q = \frac{\rho \lambda}{\mu - \lambda} = \frac{5}{12} \times 0.714 = 0.298(辆)$$

$$W_S = \frac{1}{\mu - \lambda} = \frac{1}{240 - 100} = 0.00714 \text{ h} = 25.7 \text{ s}$$

$$W_q = \frac{\rho}{\mu - \lambda} = \frac{5}{12} \times 0.00714 = 0.003 \text{ h} = 10.7 \text{ s}$$

【例 8.2】 一汽车冲洗站,要求冲洗的汽车按平均每小时 5 辆的泊松分布到来,冲洗一辆汽车所需时间服从均值为 10 min 的负指数分布。

试求:

(1)平均队列长 L_q;

(2)为了估计等候冲洗的汽车的停留场地,按 L_q 的值做准备是不够的,为什么? 为保证每辆汽车的到来能有 80% 的概率有场地停放,问服务站前应准备几个停车位?

解 由已知条件,$\lambda = 5$ 辆/h

$\mu = 1$ 辆/10 min $= 6$ 辆/h,$\rho = \dfrac{\lambda}{\mu} = \dfrac{5}{6} < 1$

$$(1) L_q = \frac{\rho \lambda}{\mu - \lambda} = \frac{\dfrac{5}{6} \times 5}{6 - 5} = 4.17(辆) \approx 4(辆)$$

(2)仅按 L_q 的值做准备是不够的,因为 L_q 只描述了排队等待的队列中汽车平均数,不能反映其他信息,如平均队列长的概率,平均等待时间等因素。

设有 S 个停车位,能保证汽车到来有 80% 的概率进入站内。

$$P_0 + P_1 + \cdots + P_S + P_{S+1} \geqslant 0.8$$

$$(1 - \rho) + \rho(1 - \rho) + \rho^2(1 - \rho) + \cdots \rho^{S+1}(1 - \rho) \geqslant 0.8$$

$$(1 - \rho)(1 + \rho + \rho^2 + \cdots + \rho^{S+1}) \geqslant 0.8$$

$$(1 - \rho)\frac{1 - \rho^{S+2}}{1 - \rho} \geqslant 0.8$$

$$\rho^{S+2} \leqslant 0.2$$

两边取对数并整理得:

$$S \geqslant 6.8 \approx 7(辆)$$

可知 $S \approx 2L_q$

另外，顾客在系统中期望等待时间，也是衡量冲洗台是否方便的重要因素之一，$W_q = \dfrac{\lambda}{\mu(\mu-\lambda)} = \dfrac{5}{6(6-5)} = 0.83(\text{h}) = 50(\text{min})$，这显然太长了。

8.4 其他排队系统

本节在第三节介绍了 $M/M/1/\infty/\infty/FCFS$ 排队系统的基础上，分别介绍 $M/M/1/N/\infty/FCFS$、$M/M/1/N/N/FCFS$ 和 $M/M/C$ 排队服务系统。

8.4.1 $M/M/1/N/\infty/FCFS$ 排队系统

（1）系统假设条件

这一排队系统与第三节讨论的 $M/M/1/\infty/\infty/FCFS$ 的不同之处是队列长度有限制，为 $N-1$，其他条件不变。

（2）系统的稳态概率分布

为了便于分析和理解，先画出系统的状态转移图，见图 8-4。

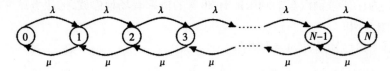

图 8-4

对任一状态，根据流的守恒定律，列出各状态的平衡方程如表 8-2 所示。求稳态概率：

表 8-2

状态	平均到达率 = 平均离去率
0	$\lambda P_0 = \mu P_1$
1	$\lambda P_0 + \mu P_2 = (\lambda + \mu)P_1$
2	$\lambda P_1 + \mu P_3 = (\lambda + \mu)P_2$
...	...
$N-1$	$\lambda P_{N-2} + \mu P_N = (\lambda + \mu)P_{N-1}$
N	$\lambda P_{N-1} = \mu P_N$

$$P_1 = \frac{\lambda}{\mu}P_0 = \rho P_0$$

$$P_2 = (\frac{\lambda}{\mu})^2 P_0$$

$$\cdots$$

$$P_{N-1} = \rho^{N-1} P_0$$

$$P_N = \rho^N P_0$$

又: $$\sum_{n=0}^{N} P_n = 1$$

即: $$P_0 + \rho P_0 + \rho^2 P_0 + \cdots + \rho^N P_0 = 1$$

∴ $$P_0 = \frac{1}{\sum_{n=0}^{N} \rho^n}$$

最后得稳态概率:

$$\begin{cases} P_0 = \dfrac{1-\rho}{1-\rho^{N+1}} & (\rho \neq 1) \\[3mm] P_n = \rho^n \dfrac{1-\rho}{1-\rho^{N+1}} & n \leqslant N \\[3mm] P_0 = P_N = \dfrac{1}{N+1} & (\rho = 1) \end{cases}$$

(3)系统稳态运行指标

①平均队长(L_S)

$$L_S = \begin{cases} \dfrac{\rho}{1-\rho} - \dfrac{(N+1)\rho^{N+1}}{1-\rho^{N+1}} & \text{当} \rho \neq 1 \text{时} \\[4mm] \dfrac{N}{2} & \text{当} \rho = 1 \text{时} \end{cases}$$

证明:

$$L_S = \sum_{n=0}^{N} n P_n = 0P_0 + 1P_1 + 2P_2 + \cdots + NP_N$$

$$= \rho P_0 + 2\rho^2 P_0 + \cdots + N\rho^N P_0$$

$$= \frac{\rho}{1-\rho} - \frac{(N+1)\rho^{N+1}}{1-\rho^{N+1}} \qquad (\rho \neq 1)$$

$$L_S = \frac{N}{2} \qquad (\rho = 1)$$

②平均队列长(L_q)

$$L_q = \sum_{n=1}^{N} (n-1) P_n = L_S - (1 - P_0)$$

③平均逗留时间(W_S)

$$W_S = \frac{L_S}{\mu(1-P_0)} = \frac{L_q}{\lambda(1-P_N)} + \frac{1}{\mu}$$

④平均等待时间(W_q)

$$W_q = W_S - \frac{1}{\mu}$$

【例8.3】 某汽车加油站内有一个加油柱,3个停车位,当3个停车位都停满时,后来的汽车就不再进入而离去,汽车平均到达速率为8辆/h,加油时间平均5min/辆,设到达过程为泊松流,服务时间服从负指数分布。

试求:

(1)平均队长L_S和平均队列长L_q;

(2)平均逗留时间W_S;

(3)在可能到达的顾客中因客满离去的概率。

解 由已知条件:$\lambda = 8$ 辆/h,$\mu = 1$ 辆/5 min = 12 辆/h

故

$$\rho = \frac{\lambda}{\mu} = \frac{8}{12} = \frac{2}{3} \neq 1$$

总容量 $N = 3 + 1 = 4$

$$P_0 = \frac{1-\rho}{1-\rho^{N+1}} = \frac{1-\frac{2}{3}}{1-\left(\frac{2}{3}\right)^5} = \frac{\frac{1}{3}}{1-0.132} = \frac{1}{2.604} = 0.384$$

(1)

$$L_S = \frac{\rho}{1-\rho} - \frac{(N+1)\rho^{N+1}}{1-\rho^{N+1}}$$

$$= \frac{2/3}{1/3} - \frac{5(2/3)^5}{1-(2/3)^5}$$

$$= 2 - 0.66/0.868 = 1.24(辆)$$

$$L_q = L_S - (1-P_0) = 1.24 - (1-0.384)$$

$$= 1.24 - 0.616 = 0.624(辆)$$

(2)

$$W_S = \frac{L_q}{\lambda(1-P_N)} + \frac{1}{\mu}$$

$$= \frac{0.624}{8(1-0.076)} + \frac{1}{12} = \frac{0.624}{7.39} + \frac{1}{12}$$

$$= 0.167 \text{ h} = 10.06 \text{ min}$$

(3)因客满而离去的概率

$$P_4 = \rho^4 \frac{1-\rho}{1-\rho^5}$$

$$= (\frac{2}{3})^4 \frac{1-\frac{2}{3}}{1-(\frac{2}{3})^5} = \frac{16}{81} \times \frac{\frac{1}{3}}{1-0.132}$$

$$= 0.198 \times \frac{1}{2.604} = 0.076$$

8.4.2 *M/M/1/N/N/FCFS* 排队系统

（1）系统假设条件

这一排队系统与本节 8.4.1 中的排队系统相比，顾客源由无限变为有限 N。

（2）系统的稳态概率分布

其余条件相同。

该系统概率分布的分析方法和 *M/M/1/∞/∞/FCFS* 相类似，这里只给出结果，推导过程略去。

$$\begin{cases} P_0 = \dfrac{1}{\sum\limits_{n=0}^{N} (\dfrac{\lambda}{\mu})^n \dfrac{N!}{(N-n)!}} \\ P_n = (\dfrac{\lambda}{\mu})^n \dfrac{N!}{(N-n)!} P_0 \qquad (0 < n \le N) \end{cases}$$

（3）运行指标

$$\begin{cases} L_S = N - \dfrac{\mu}{\lambda}(1-P_0) \\ L_q = N - \dfrac{\mu+\lambda}{\lambda}(1-P_0) \\ W_S = \dfrac{L_S}{\lambda(N-L_S)} \\ W_q = \dfrac{L_q}{\lambda(N-L_S)} \end{cases}$$

【例 8.4】 某车队有 5 台小型客车从事客运，每辆车的连续运转时间服从负指数分布，平均连续运转时间 120 天，该车队有一个修理工负责修车，其每次修理时间服从负指数分布，平均每次 3 天。

求：

（1）修理工空闲的概率；

（2）出故障的平均台数；

（3）等待修理的平均台数；

（4）平均停工时间；

（5）平均等待时间。

解 ∵ $N = 5, \lambda = 1/120, \mu = \dfrac{1}{3}$

则 $\rho = \lambda / \mu = \dfrac{3}{120} = 0.025$

（1）$P_0 = \dfrac{1}{\sum\limits_{n=0}^{N} (\dfrac{\lambda}{\mu})^n \dfrac{N!}{(N-n)!}}$

∵ $(0.025)^0 \dfrac{5!}{5!} + (0.025)^1 \dfrac{5!}{4!} (0.025)^2 \dfrac{5!}{3!} (0.025)^3 \dfrac{5!}{2!} (0.025)^4 \dfrac{5!}{1!} (0.025)^5 \dfrac{5!}{0!}$

$= 1 + 0.125 + 0.0125 + 0.0009 + 0.000047 + 0.0000012$

$= 1.138$

∴ $\qquad\qquad\qquad P_0 = \dfrac{1}{1.138} = 0.878$

（2）$L_S = N - \dfrac{\mu}{\lambda} + \dfrac{\mu}{\lambda} P_0$

$\qquad = 5 - 40 + 40 \times 0.878 = 0.12$

（3）$L_q = N - \dfrac{\mu + \lambda}{\lambda} (1 - P_0)$

$\qquad = 5 - 41(1 - P_0) = 0$

（4）$W_S = \dfrac{L_S}{\lambda (N - L_S)} = \dfrac{120 \times 0.12}{5 - 0.12} = \dfrac{14.4}{4.88} = 2.95$

（5）$W_q = 0$

8.4.3 $M/M/C/\infty/\infty/FCFS$ 排队系统

（1）系统假设条件

这是单队、并列多服务台（服务台数 $c > 1$）的情况，其余条件与 $M/M/1/\infty/\infty/FCFS$ 排队系统相同，另外规定各服务台工作是相互独立（不搞协作）且平均服务率相同，即 $\mu_1 = \mu_2 = \cdots = \mu_c = \mu$，于是整个服务机构的平均服务率为 $c\mu$，只有当 $\dfrac{\lambda}{c\mu} < 1$ 时才不会排成无限的队列。这里 $\rho = \dfrac{\lambda}{c\mu}$ 被称为服务强度。

（2）系统状态概率

系统状态概率这直接给出公式，有关推导过程略去。

$$\begin{cases} P_0 = \Big[\sum_{n=0}^{c-1} \dfrac{1}{n!} \Big(\dfrac{\lambda}{\mu} \Big)^n + \dfrac{1}{c!} \Big(\dfrac{\lambda}{\mu} \Big)^c \Big(\dfrac{1}{1-\rho} \Big) \Big]^{-1} \\[4mm] P_n = \begin{cases} \dfrac{1}{n!} \Big(\dfrac{\lambda}{\mu} \Big)^n P_0 & (1 \leqslant n < c) \\[4mm] \dfrac{1}{c!} \dfrac{1}{c^{n-1}} \Big(\dfrac{\lambda}{\mu} \Big)^n P_0 & (n \geqslant c) \end{cases} \end{cases}$$

（3）系统运行指标

$$\begin{cases} L_S = L_q + \dfrac{\lambda}{\mu} \\[4mm] L_q = \dfrac{(c\rho)^c \rho}{c! \ (1-\rho)^2} P_0 \\[4mm] W_S = \dfrac{L_S}{\lambda} \\[4mm] W_q = \dfrac{L_q}{\lambda} \end{cases}$$

【例 8.5】 某汽车性能综合监测站有 3 台检测设备，汽车到达速率为 576 辆/h，每台检测设备检测速率为 240 辆/h，设到达为泊松流，服务时间服从负指数分布，试求稳态概率 P_0 以及运行指标。

解 由已知条件知，本题可认为是 $M/M/C/\infty/\infty/FCFS$ 排队系统。

$$\lambda = 576, \ \mu = 240, \ \rho = \frac{\lambda}{c\mu} = \frac{576}{3 \times 240} = 0.8$$

$$\frac{\lambda}{\mu} = 2.4$$

$$\therefore \qquad P_0 = \Big[1 + 2.4 + \frac{5.76}{2} + \frac{1}{3!} \ (2.4)^3 \Big(\frac{1}{0.2} \Big) \Big]^{-1}$$

$$= 1/17.8 = 0.056$$

$$L_q = \frac{\lambda^c \rho P_0}{\mu^c c! \ (1-\rho)^2} = \frac{2.4^3 \times 0.8 \times 0.056}{3! \ \times 0.2^2} = 2.58$$

$$L_S = L_q + \frac{\lambda}{\mu} = 2.58 + 2.4 = 4.98$$

$$W_S = \frac{L_S}{\lambda} = 0.00865 \ (\text{h}) \ = 31.125 \ (\text{s})$$

$$W_q = \frac{L_q}{\lambda} = 0.00448 \ (\text{h}) \ = 16.125 \ (\text{s})$$

（4） $M/M/C$ 排队系统和 C 个 $M/M/1$ 排队系统的比较

现以例 8-5 的数据来说明，如果例 8-5 除排队方式外其他条件不变，但顾客到达后在每个窗口前各排一对且进入队列后坚持不换，结果形成 3 个队列，每个队列平均到达率为：

$$\lambda_1 = \lambda_2 = \lambda_3 = \frac{576}{3} = 192 \ （辆/h）$$

这样一来，原来的系统就变成了 3 个 $M/M/1$ 排队系统了。

现按 $M/M/1$ 排队系统解决这个问题，并与 $M/M/C$ 比较如表 8 - 3 所示。

表 8 - 3

指标 \ 模型	$M/M/C$	$M/M/1$
服务台空闲的概率 P_0	0.056	0.2（每个子系统）
顾客必须等待的概率	$P（N \geqslant 3）= 0.645$	0.8
平均队列长 L_q	2.58	3.2（每个子系统）
平均队长 L_s	4.98	12（整个系统）
平均逗留时间 W_s	31.125s	75s
平均等待时间 W_q	16.125s	60s

表中各指标对比的结果是 $M/M/3$ 比 $M/M/1$ 有显著的优越性。在安排排队方式时，应注意这一点。

8.4.4 $M/M/C/N/\infty/FCFS$ 排队系统

（1）系统假设条件

设系统的容量最大限制为 $N（\geqslant c）$，当系统中顾客数 n 已达到 N 即队列中顾客数已达 $(N-c)$ 时，再来的顾客即被拒绝，其他假设条件与 $M/M/C/\infty/\infty/FCFS$ 排队系统相同。

（2）系统的状态概率

这里只给出结果，不推证。

$$\begin{cases} P_0 = \dfrac{1}{\displaystyle\sum_{k=0}^{c} \dfrac{(c\rho)^k}{k!} + \dfrac{c^c}{c!} \dfrac{\rho \ (\rho^c - \rho^N)}{1-\rho}} & （\rho \neq 1） \\[4mm] P_n = \begin{cases} \dfrac{(c\rho)^n}{n!} P_0 & （1 \leqslant n \leqslant c） \\[3mm] \dfrac{c^c}{c!} \rho^n P_0 & （c \leqslant n \leqslant N） \end{cases} \end{cases}$$

其中：$\rho = \dfrac{\lambda}{c\mu}$

（3）系统运行指标

$$\begin{cases} L_q = \frac{P_0\rho\ (c\rho)^c}{c!\ (1-\rho)^2}\ [\ 1-\rho^{N-c}-\ (N-c)\ \rho^{N-c}\ (1-\rho)\ ] \\ L_S = L_q + c\rho\ (1-P_N) \\ W_q = \frac{L_q}{\lambda\ (1-P_N)} \\ W_S = W_q + \frac{1}{\mu} \end{cases}$$

8.4.5 *M/M/C/∞/N/FCFS* 排队系统

（1）系统假设条件

设顾客总体（顾客源）为有限数 N，且 $N>c$，和单服务台情形一样，顾客到达率 λ 是按每个顾客来考虑的，在机器管理问题中，就是共 N 台机器，有 c 个修理工人，顾客到达就是机器出了故障，而每个顾客的到达率 λ 是指每台机器每单位运转时间出故障的期望次数，系统中顾客数 n 就是出故障的机器台数，当 $n \leqslant c$ 时，所有的故障机器都在被修理，有 $(c-n)$ 个修理工人在空闲；当 $c<n \leqslant N$ 时，有 $n-c$ 台机器在停机等待修理；而修理工人都在繁忙状态，假定这 c 个工人修理技术相同，修理（服务）时间都服从参数为 μ 的负指数分布，并假定故障的修复时间和正在生产的机器是否发生故障是相互独立的。

（2）系统的状态概率

$$\begin{cases} P_0 = \frac{1}{N!}\cdot\cfrac{1}{\displaystyle\sum_{k=0}^{c}\frac{1}{k!\ (N-k!)}\ (\frac{c\rho}{N})^k + \frac{c^c}{c!}\displaystyle\sum_{k=c+1}^{c}\frac{1}{(N-k)!}\ (\frac{c\rho}{N})^k} \\[4mm] \text{其中 } \rho = \frac{m\lambda}{c\mu} \\[4mm] P_n = \begin{cases} \frac{N!}{(N-n)!\ n!}\ (\frac{\lambda}{\mu})^n P_0 & (1 \leqslant n \leqslant c) \\[3mm] \frac{N!}{(N-n)!\ c!\ c^{n-c}}\ (\frac{\lambda}{\mu})^n P_0 & (c+1 \leqslant n \leqslant N) \end{cases} \end{cases}$$

（3）系统运行指标

平均顾客数（即平均故障台数）：

$$L_S = \sum_{n=1}^{N} nP_n$$

$$L_q = \sum_{n=c+1}^{N}\ (n-c)\ P_n$$

有效到达率 λ_e 等于每个顾客的到达率 λ 乘以在系统外（即正常生产的）机器的期望数：

$$\lambda_e = \lambda \ (N - L_S)$$

在机器故障问题中，它是每单位时间 N 台机器平均出现故障的次数。有：

$$L_S = L_q + \frac{\lambda_e}{\mu} = L_q + \frac{\lambda}{\mu} \ (N - L_S)$$

$$W_S = \frac{L_S}{\lambda_e}$$

$$W_q = \frac{L_q}{\lambda_e}$$

8.5   排队论在公路运输管理中的应用

排队论在公路运输管理中的应用主要是对公路运输有关系统的最优化，即决定系统在何种参数下运行性能将更好一些，排队系统优化的控制变量常见的是服务速率和服务台个数。优化的目标函数是使系统的总费用为最小。欲使顾客等待的队伍缩短，排队等待的时间减少，就要增加服务人员和服务设施，相应地增加服务机构的费用。但如果等待时间太长，顾客等待服务所消耗的费用就会增加，将会使一些顾客嫌等待时间太长而离去，也将减少服务机构的收入，这样遇到了互相矛盾的费用关系。优化的目标是使服务机构的费用与顾客等待服务所消耗的费用之和为最小。

8.5.1   以服务率 μ 为控制变量的排队系统优化

假定所考虑的排队系数为 $M/M/1/\infty/\infty/FCFS$，服务速率是可变的，且在 λ 与 $+\infty$ 之间连续变化。即：

$$\lambda < \mu < +\infty$$

该系统中 μ 与费用的关系如下：

（1）服务机构的费用。显然，较高的 μ 值将花费较高的费用。设 μ 值与费用呈线性关系，则：

$$服务机构的费用 = c_1\mu$$

其中 c_1 为单位时间单位 μ 值的费用，它可以理解为服务机构在不同的速率上服务，而对于单位速率，付出价值为 c_1 的费用。改变服务速率可增加或减少服务人员；增加或减少服务设施。c_1 值应当是综合以上两种费用后所考虑的费用。

（2）顾客等待所消耗的费用。队长越长，等待的顾客越多，顾客等待所消耗的费用也就越大。

$$顾客等待所消耗的费用 = c_2 L_S$$

其中 c_2 为每个顾客在排队系统中停留单位时间所消耗的费用。如果顾客就是本单位的工作人员，可以理解为就是本单位工作人员的平均工资，对其他顾客也可以理解为这些顾客的平均工资。

（3）目标函数 Z。系统中单位时间的总费用：

$$Z = c_1\mu + c_2 L_S$$

$$= c_1\mu + c_2 \frac{\lambda}{\mu - \lambda}$$

（4）求最优服务率 μ。

因为 μ 是连续变化的，利用高等数学中求极值的方法，就可求费用 z 的极小值点，令

$$\frac{d_z}{d_\mu} = c_1 - \frac{c_2\lambda}{(\mu - \lambda)^2} = 0$$

所以：

$$(\mu - \lambda)^2 = \frac{c_2}{c_1}\lambda$$

又因为 $\lambda < \mu < +\infty$，所以 $\mu - \lambda > 0$

$$\mu - \lambda = \sqrt{\frac{c_2}{c_1}\lambda}$$

得驻点为：

$$\mu^* = \lambda + \sqrt{\frac{c_2}{c_1}\lambda}$$

在该点求 z 对 μ 的二阶导数：

$$\frac{d^2 z}{d\mu^2} = 2c_2\lambda\ (\mu - \lambda)^{-3}$$

$$\frac{d^2 z}{d\mu^2}\bigg|_{\mu^*} = 2c_2\lambda\ (\frac{c_2}{c_1}\lambda)^{-\frac{3}{2}}$$

因为 $c_1 > 0$，$c_2 > 0$，$\lambda > 0$

故：$\frac{d^2 z}{d\mu^2}\bigg|_{\mu^*} > 0$

故 μ^* 点为极小点。

μ 值费用关系示意图如图 8–5 所示。

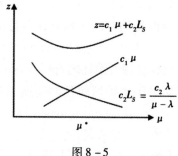

图 8 – 5

8.5.2 客运站确定合理的售票率

以服务率为控制变量的排队系统的优化代表了一类排队系统的优化问题。凡是能归结为这种排队系统模型的均可用此法优化，例如售票率、货物装卸率、设备维修率，这里以确定合理的售票率为例，说明此法的应用。

对大型客运站，售票分窗口按线路进行，可视为单队单服务台排队系统，其他条件假设符合 $M/M/1/\infty/\infty/FCFS$ 排队系统，平均到达率 λ 一般是客观存在的，很难人为改变。要改善这一系统的服务水平，最直接、最容易的是改变售票率 μ，于是可设 c_1 为单位时间单位服务率 μ 客运站的费用，c_2 为每个顾客在系统中等待单位时间的费用，根据 8.5.1 中的方法，可得到最优服务率：

$$\mu^* = \lambda + \sqrt{\frac{c_2}{c_1}\lambda}$$

【例 8.6】 某客运站售票只设一个窗口，顾客平均到达率为 2 人/min，服从泊松流。售票速率为每张票平均 25s，服从负指数分布，其他条件均符合 $M/M/1/\infty/\infty/FCFS$ 排队系统的要求。当 $\mu=1$ 时售票机构单位时间的费用为 0.6 元，每个顾客在系统中停留单位时间的费用为 8 元（按平均中等收入计）。

试求：

（1）平均队长 L_S；

（2）平均等待时间 W_q；

（3）最优服务率 μ^*；

（4）最优成本 z^*；

（5）最优平均队长 L_S^*；

（6）最优平均等待时间 W_q^*。

解 本题目是 $M/M/1/\infty/\infty/FCFS$ 排队系统。根据题目所给的条件有

$$\lambda = 2 \text{ 人/min} = 120 \text{ 人/h}$$

$$\mu = 1 \text{ 人/25 s} = 144 \text{ 人/h}$$

$$\rho = \frac{\lambda}{\mu} = \frac{120}{144} < 1$$

则：

（1）$L_S = \dfrac{\lambda}{\mu - \lambda} = \dfrac{120}{144 - 120} = 5$（人）

（2）$W_q = \dfrac{\lambda}{\mu - \lambda} = \dfrac{\dfrac{120}{144}}{144 - 120} = 0.0347$（h）$= 2.08$（min）

（3）$\mu^* = \lambda + \sqrt{\dfrac{c_w}{c_s}\lambda} = 120 + \sqrt{\dfrac{8}{0.6} \times 120} = 160$（人/h）

（4）$z^* = 0.6 \times 160 + 8 \times 3 = 120$（元）

（5）$L_S^* = \dfrac{\lambda}{\mu^* - \lambda} = \dfrac{120}{160 - 120} = 3$（人）

（6）$W_q^* = \dfrac{\rho^*}{\mu^* - \lambda} = \dfrac{\dfrac{120}{160}}{40} = \dfrac{3}{160} = 0.01857$（h）$= 1.125$（min）

由此可见，售票率比正常情况下增加，平均每人服务时间由原来的 25 s 缩短为 22.5 s，在实际售票过程中，经过一番努力，还是可以做到的，这时，平均队长由原来的 5 人降低到 3 人，平均等待时间由 2.08 min 降低为 1.125 min，总成本由原来的 126.4 元（$0.6 \times 144 + 8 \times 5$）降低为 120 元。

8.5.3 以服务台数 c 为控制变量的排队系统的优化

排队系统优化除了 8.5.1 中的服务率之外，还有服务台数 c。事实上，当服务率提高到一定程度，就不可能再无限制地提高，这时，改善排队系统服务效率的方法则应转向考虑改善服务台数。仅考虑 $M/M/C/\infty/\infty/FCFS$ 的排队系统，其费用关系如下：

（1）服务机构的费用

这里是多服务台的服务系统，服务机构的费用是每一个服务台的单位时间费用和服务台的个数的乘积，即：

$$服务机构的费用 = c_1 c$$

其中 c 表示服务台数；c_1 表示每服务台单位时间的费用。

（2）顾客等待所消耗的费用

顾客等待所消耗的费用与 8.5.1 节中相同。

（3）目标函数 Z

对一个完整的排队系统来说，应考虑其单位时间的费用，即服务机构的费用与顾客等待所消耗的费用之和。

$$Z = c_1 c + c_2 L_S \qquad (8-3)$$

一般情况下 c_1 和 c_2 是给定的，只有 c 是可变的，故 Z 是 c 的函数。

（4）求解 $Z(c)$ 的最小值

因为 c 只取整数，无法使用经典的微分法，根据最小值的定义有

$$Z(c^*) \leqslant Z(c^* - 1)$$
$$Z(c^*) \leqslant Z(c^* + 1)$$

将式（8-3）中的 z 代入上式得

$$c_1 c^* + c_2 L_S(c^*) \leqslant c_1(c^* - 1) + c_2 L_S(c^* - 1)$$
$$c_1 c^* + c_2 L_S(c^*) \leqslant c_1(c^* + 1) + c_2 L_S(c^* + 1)$$

化简后可得：

$$L_S(c^*) - L_S(c^* + 1) \leqslant \frac{c_1}{c_2} \leqslant L_S(c^* - 1) - L_S(c^*) \qquad (8-4)$$

依式（8-4），顺序求 $c = 1, 2, 3 \cdots$ 时 L_S，并作相邻两个 L_s 之差，因 c_1/c_2 是已知数，根据 c_1/c_2 落在哪个区间，就可定出 c^*。

（5）公路运输管理中的应用

以服务台数为控制变量的排队系统优化在公路运输中也是较常见的，如客运站售票窗口的设置，维修工人的定编等。这里以客运站售票窗口的设置为例，说明优化方法。

【例8.7】　某客运站，旅客到达服从泊松流，平均到达率 $\lambda = 48$ 人/h，每位旅客因排队等待而损失的费用为 6 元/h，售票服务时间服从负指数分布，平均服务率为 25 人/h，每设置 1 个售票窗口增加费用为 4 元/h（窗口早已存在，只是增加售票员而增加的补贴费用）。其他条件符合 $M/M/C/\infty/\infty/FCFS$ 模型，问应设几个售票窗口合理？

解
$$c_1 = 4 \text{ 元/h}, \quad c_2 = 6 \text{ 元/h}$$
$$\lambda = 48 \text{ 人/h}, \quad \mu = 25 \text{ 人/h}$$
$$\frac{\lambda}{\mu} = 1.92$$

设售票窗口为 c 个

$$P_0 = \left[\sum_{n=0}^{c-1} \frac{(1.92)^n}{n!} + \frac{1}{c!} \cdot \frac{1}{1 - 1.92}(1.92)^c \right]^{-1}$$

$$L_S = \frac{c^c (1.92)^{c+1}}{c! (1 - 1.92)^2} P_0 + 1.92$$

令 $c=1$，2，3，4，5，依次代入式（8-4），得表8-4。

∵ $c_1/c_2=0.667$ 落在区间（0.612，18.930）内

∴ $c^*=3$

即设3个售票窗口最为合理。

表 8-4

窗口数	平均队长 L_s（c）	$L_s(c)-L_s(c-1)\sim L(c-1)-L(c)$	单位时间总费用 z（c）
1	∞		∞
2	21.610	18.930~∞	154.94
3	2.680	0.612~18.930	27.87 *
4	2.068	0.116~0.612	28.38
5	1.952		31.71

8.5.4　运用排队论确定合理的停车场面积

在公路运输管理中，无论是货运站、客运站、加油站、修理厂还是冲洗台，都要确定合理的停车场面积。停车场面积若超过了实际需求，则会引起一定的浪费而造成企业的经济损失。

反之，若停车场面积满足不了实际需求，则会丧失一定的盈利机会，同样会造成企业的经济损失。需要在停车场中停靠的汽车到来又是随机的，确定合理的停车场面积就显得既重要又困难，而排队论为解决这一难题提供了一种方法，现通过一例来说明。

【例8.8】　有一汽车货运站，要求装货的汽车按平均每小时5辆的泊松分布到来，装一车货所需要时间服从均值10 min的负指数分布，应怎样测算停车场地？

解　解决这一问题应分两步：

（1）求 L_q：由已知条件 $\lambda=5$ 辆/h，$\mu=1$ 辆/10 min $=6$ 辆/h

则：

$$\rho=\frac{\lambda}{\mu}=\frac{5}{6}<1$$

$$L_q=\frac{\rho\cdot\lambda}{\mu-\lambda}=\frac{\frac{5}{6}\times5}{6-5}=4.17（辆）\approx4（辆）$$

即平均只要有4辆汽车的停放面积就可以了。但仅仅依此参数是不够的，我们不仅要考虑这一平均数，更要考虑它出现的概率，即平均队列长的

概率。

（2）设有 S 个停车位，能有 80% 的把握保证汽车到来时能进入站内。

$$P_0 + P_1 + \cdots + P_S + P_{S+1} \geqslant 0.8$$

$$(1-\rho) + \rho(1-\rho) + \rho^2(1-\rho) + \cdots \rho^{S+1}(1-\rho) \geqslant 0.8$$

$$(1-\rho)(1+\rho+\rho^2+\cdots+\rho^{S+1}) \geqslant 0.8$$

$$(1-\rho)\frac{1-\rho^{S+2}}{1-\rho} \geqslant 0.8$$

$$\rho^{S+2} \leqslant 0.2$$

两边取对数，并整理得：

$$S \geqslant 6.8 \approx 7 （辆）$$

由此可见，以 7 辆为依据，设计停车场的面积是较为科学的。

习　题

8.1　某蛋糕店有一服务员，顾客到达服从 $\lambda = 30$ 人/h 的泊松分布，当店里只有一个顾客时，平均服务时间为 1.5 min，当店里有 2 个或 2 个以上顾客时，平均服务时间缩减至 1 min。两种服务时间均服从负指数分布。试求：

（1）此排队系统的状态转移图；

（2）稳态下的概率转移平衡方程组；

（3）店内有 2 个顾客的概率；

（4）该系统的其他数量指标。

8.2　某商店每天开 10 h，一天平均有 90 个顾客到达商店，商店的服务平均速度是每小时服务 10 个人，若假定顾客到达服从泊松分布，商店服务时间服从负指数分布，试求：

（1）在商店前等待服务的顾客平均数；

（2）在队长中多于 2 个人的概率；

（3）在商店中平均有顾客的人数；

（4）若希望商店平均顾客只有 2 人，平均服务速度应该提高多少。

8.3　为开办一个小型理发店，目前只招聘了一个服务员，需要决定等待理发的顾客的位子应设立多少。假设需要理发的顾客到来的规律服从泊松流，平均每 4 min 来一个，而理发的时间服从指数分布，平均每 3 min 1 人。如果要求理发的顾客因没有等待的位子而转向其他理发店的人数占要理发的人数比例为 7% 时，应该安放几个位置供顾客等待。

8.4 某服务部平均每小时有 4 个人到达，平均服务时间为 6 min。到达服从泊松流，服务时间为负指数分布。由于场地受限制，服务部最多不能超过 3 人，求：

(1) 服务部没有人到达的概率；

(2) 服务部的平均人数；

(3) 等待服务的平均人数；

(4) 顾客在服务部平均花费的时间；

(5) 顾客平均排队时间。

8.5 某车间有 5 台机器，每台机器连续运转时间服从负指数分布，平均连续运转时间为 15 min。有一个修理工，每次修理时间服从负指数分布，平均每次 12 min。求该排队系统的数量指标 P_0，L_q，L，W_q，W 和 P_5。

8.6 证明：一个 $[M/M/2]$：$[\infty/\infty/FCFS]$ 的排队系统要比两个 $[M/M/1]$：$[\infty/\infty/FCFS]$ 的排队系统优越。试从队长 L 这个指标证明。

8.7 某博物馆有 4 个大小一致的展厅。来到该博物馆参观的观众服从泊松分布，平均 96 人/h。观众大致平均分散于各展厅，且在各展厅停留的时间服从 $1/\mu = 15$ min 的负指数分布，在参观完 4 个展厅后离去。问该博物馆的每个展厅应按多大容量设计，使在任何时间内观众超员的概率小于 5%。

8.8 两个技术程度相同的工人共同照管 5 台自动机床，每台机床平均每小时需要照管一次，每次需一个工人照管的平均时间为 15 min。每次照管时间及每相继两次照管间隔都相互独立且为负指数分布。试求每人平均空闲时间、系统四项主要指标和机床利用率。

8.9 某储蓄所有一个服务窗口，顾客按泊松分布平均每小时到达 10 人，为任一顾客办理存款、取款等业务的时间 T 服从 $N \sim (0.05, 0.01^2)$ 的正态分布。试求储蓄所空闲的概率及其主要工作指标。

8.10 某监测站有一台自动检测机器性能的仪器，检测每台机器都需 6 min。送检机器按泊松分布到达，平均每小时 4 台。试求该系统的主要工作指标。

8.11 一个电话间的顾客按泊松流到达，平均每小时到达 6 人，平均通话时间为 8 min，方差为 8 min，直观上估计通话时间服从爱尔朗分布，管理人员想知道平均队列长度和顾客平均等待时间是多少。

8.12 对某服务台进行实测，得到如下数据

系统中的顾客数（n）	0	1	2	3
记录到的次数（m_n）	161	97	53	34

平均服务时间为 10 min，服务一个顾客的收益为 2 元，服务机构运行单位时间成本为 1 元，问服务率为多少时可使单位时间平均总收益最大。

8.13 某检测中心为各工厂服务，要求进行检验的工厂（顾客）的到来服从泊松流，平均到达率为 $\lambda = 48$（次/d）；工厂每次来检验由于停工造成损失 6 元；服务（检验）时间服从负指数分布，平均服务率为 $\mu = 25$（次/d）；每设置一个检验员的服务成本为每天 4 元，其他条件均适合 $[M/M/s]$：$[\infty/\infty/FCFS]$ 系统。问应设几个检验员可使总费用的平均值最少。

参考文献

[1]《运筹学》教材编写组. 运筹学 [M]. 3 版. 北京：清华大学出版社，2005.

[2] 胡运权. 运筹学教程 [M]. 北京：清华大学出版社，2008.

[3] 熊伟. 运筹学 [M]. 北京：机械工业出版社，2010.

[4] 胡运权. 运筹学基础及应用 [M]. 北京：高等教育出版社，2008.

[5] 张干宗. 线性规划 [M]. 武汉：武汉大学出版社，2004.

[6] 陆传赉. 排队论 [M]. 北京：北京邮电大学出版社，2009.

[7] 何选森. 随机过程与排队论 [M]. 长沙：湖南大学出版社，2010.

[8] 徐俊明. 图论及其应用 [M]. 合肥：中国科学技术大学出版社，2010.

[9] 刘舒燕. 运筹学 [M]. 北京：人民交通出版社，2008.

[10] 马进. 运筹学 [M]. 北京：人民交通出版社，2003.